CONTENTS
目次

禁忌之門 I　Mako的超大份量肉類食譜

禁忌之門 II　枝元的有完沒完之食譜篇

禁忌之門 III　VIVA！碳水化合物

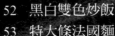

○本書以2012年5月～2014年6月連載於《NHK的料理教科書》「號外版」的「禁忌的食譜」為基礎，另外加入新的料理重新編排，是篇幅大量增加的增訂版。

禁忌之門 Ⅳ　邪惡甜點點將錄

本書的使用方法

● 本書使用的量杯是200ml，量匙1大匙＝15ml、1小匙＝5ml。1ml＝1cc。

● 微波爐、烤爐、烤箱等電器的使用方式，請依照產品說明書的指示正確使用。書中標示出以微波爐、烤爐和烤箱加熱的
　時間皆為參考值。所需時間因機種而異，請各位自行斟酌。

● 若使用部分含有金屬材質的容器、非耐熱玻璃材質容器、漆器、木器、竹製品、耐熱溫度不到120度的樹脂容器等，有
　可能造成故障或意外發生，請務必多加注意。文中所標示的調理時間以600W為基準。如果為700W，請約縮減為0.8倍、
　500W的話約增加為1.2倍。

- ・ 材料表中的「●人份」完全只是參考。能夠吃得了多少、能不能吃、怎麼吃等條件因人而異，所以請各
　　位仔細評估自己的胃袋和內心的想法再決定。
- ・ 每道食譜的熱量，尤其是沒有標示出幾人份的情況，標示於材料表中的「容易製作的份量」意即總熱
　　量。若是材料表中有標示出「●人份」，則代表1人份的熱量。另外，「●～●人份」的則以較高的數字
　　計算出1人份。

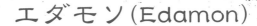

エダモン（Edamon）

枝元なほみ（枝元Nahomi）

1 碳水化合物LOVE！

我在死之前最想吃的，果然還是白飯。等一下，可是我也想吃義大利麵、麵包還有馬鈴薯。

2 深夜的禁忌誘惑

一再告訴自己再吃一口就好，但深夜的誘惑卻屢屢讓我破功……。

3 用油一點都不手軟！

油炸物、加了很多橄欖油的歐式燉菜、油漬料理都是我的最愛。噢，當然也少不了最後用來收尾的奶油。

Mako

多賀正子

1
我對肉的愛永不停止！

我最愛的食物就是肉！大口吃肉，把帶骨的肉整支拿起來痛快大嚼，是人生至高無上的喜悅。

2
大就是好！

我最討厭的事情就是吃不夠。不論大事小事，「大材也可以小用」是我不變的信條。

3
飯後甜點是生活必需品

兩公升裝冰淇淋、巧克力＆焦糖糖漿、鮮奶油、紅豆泥，都是常駐我家冰箱的固定班底，隨時準備上場。

份量滿點炸豬排三明治　1130kcal

天譴夏威夷漢堡排飯　1310kcal

★作法在P.82～83

做菜這種事情
沒在計較卡路里的啦（枝元）

枝元（以下簡稱枝）：所謂的禁忌食譜，我想就是讓人一邊大叫**「神啊，請饒了我吧」**，卻還是忍不住一口接一口的美食吧？

多賀（以下簡稱多）：如果按照這種標準，我家有很多「家常菜」都算吧（笑）。

枝：做菜的時候，如果只在乎料理要好吃，就顧不得熱量是否超標了呢。

多：最近我才搞懂卡路里的數字是什麼意思，以前看了都一頭霧水呢。

枝：我做的菜之所以熱量很高，大概是因為我很喜歡用油吧。**我喜歡油炸物**，連蔬菜也會直接下鍋油炸，或者用油漬的方式調理。反正我就是喜歡加一堆油。連奶油起士我也把它當作蛋白質而不是脂肪，所以用得很兇。

多：奶油起士當然是油脂啊（笑）。也難怪你會自招喜歡油炸物了，因為你做的炸豬排三明治，實在是震撼力十足！

枝：我會那麼喜歡油炸物，要歸咎到小時候，我爸爸老是買萬世的炸豬排三明治[註1]給我打牙祭。

多：話說回來，雖然號稱禁忌的料理，你用的豬肉片是不是有點薄？

枝：呵呵呵。其實，重點就在於「薄薄的肉片」呀。一般的炸豬排三明治，肉片都切得很厚，但是我覺得口感不夠好。把肉切得很薄，**裹上大量的麵衣**，吃起來酥脆感加倍，**還有要多淋一點醬汁**，多到完全滲進肉裡，還會滴出來的程度。這種豬排三明治才是我的最愛啦。

多：大量的麵衣之外，還要夾很多片的麵包。這種組合根本是**禁忌的醣類總動員！**（笑）。對了，香蕉和可樂的組合，也是超邪惡的吃法吧。

枝：你這道夏威夷漢堡排飯，份量也比當地的正宗版還多吧？一盤就是一人份嗎？這塊漢堡排，會不會大到有點誇張？盤子是幾公分的？

多：**盤子是30cm**。肉排是一人份200g多一點，白飯差不多是**一人一碗公**吧。這種份量在我們家很正常，而且一直到孩子們長大之前，我都沒有發現我們家的飯量特別多。

注1 「萬炸豬排三明治」。豬里肌三明治是肉之萬世的獨家商品。濃郁的肉味和醬汁保持絕佳的比例。

注2 「Gateau Echire Nature」。使用的奶油起司，有一半來自法國艾許村製作的「艾許奶油」。其道地正統的滋味，讓人拍案叫絕。

注3 天乃屋的炸仙貝「歌舞伎揚」。用砂糖和醬油調成的鹹甜口味，讓人一吃成癮。一袋15片裝，945kcal。

注4 澀谷食品出品的「地瓜條」。地瓜經過油炸，再撒上糖粉的零嘴。甜味適中，口感酥脆帶勁，保證回味無窮。一袋155g768kcal。

枝：白飯配肉，再加上一顆荷包蛋，我覺得已經很豐盛了耶。沒想到你還毫不手軟的**加了那麼多美奶滋和洋芋片**，真有你的（笑）。再搭配淋上番茄醬的酪梨，就更有份量了。話說回來，你老實說，你根本覺得蔬菜可有可無吧？

多：哎呀，我就是肉食族嘛。**吃蔬菜就當作吃太多肉的贖罪。**

枝：呵呵呵，你好老實喔。對了，說到卡路里，**奶油也是危險份子哪**。起鍋前加點奶油，菜真的會比較好吃，可是熱量也會增加。艾許的奶油蛋糕[注2]，與其稱之為蛋糕，根本是奶油嘛。即使只切一片，一口一口慢慢吃，還是有很強的罪惡感。

多：我也是耶，奶油用得一點都不手軟。不過，也不能小看市面上的袋裝零食呢。像歌舞伎揚啦[注3]、地瓜條[注4]，我每次一吃就是一整包……。我不喜歡洋芋片，**吃起來太薄了，好像在咬空氣**。我喜歡紮實一點的，例如芝多司[注5]。還有一種吃法也是我超愛的，**把美奶滋擠在黑胡椒或黑芝麻仙貝上**[注6]，吃起來很涮嘴，一點都不油膩，我可以一次吃很多。

枝：哇，你找了法寶了耶。只要靠著美奶滋，什麼東西都可以一次吃很多（笑）。美國的垃圾食品也很恐怖。Chicago Mix[注7]真的會讓我欲罷不能，還有蜂蜜烤花生[注8]，每次吃，我的被害妄想症都會發作，覺得有人想害我肥死（笑）。

多：沒錯、沒錯。我一個人差不多就可以清光一罐。說到罐頭，SPAM[注9]是我的最愛！做三明治的時候一定少不了它。

枝：總歸一句話，好吃的東西都是高熱量，沒辦法天天吃。但是忍不住破戒的時候，只能邊吃邊祈禱「神啊，請原諒我」。

注6 黑胡椒和黑芝麻仙貝都是重口味，搭配帶有酸味的美奶滋一起吃，滋味更加清爽順口。美奶滋的份量也是重點。

注5 「芝多司」。起司味濃郁的玉米條點心，口感鬆脆，很開胃。一袋227g，1240kacl。

注7 G.H.GRETORS的「Chicago Mix」。一袋有焦糖和切達起司兩種口味，吃起來有甜有鹹，雙重享受。

注8 MIDDLEAF的「蜂蜜烤花生」。由鹽、砂糖、蜂蜜所組成的好滋味，讓人欲罷不能。

注9 Hormel Food出品的「SPAM」。還有針對日本市場，推出減鹽款。一罐340g，1088kcal。

巨無霸提拉米蘇　3060kcal

超大香蕉花圈泡芙　4180kcal

★作法在P.84～85。

明明只打算吃一點點就好，
結果就一發不可收拾（枝元）

枝：接下來我們來聊聊甜點吧。天啊！？我沒有搞錯吧！！你做的這道花圈泡芙，**整整用了5條香蕉**？？

多：把泡芙做成小小一個，不是得做很多個？好麻煩喔。所以我就改成烤一個超大的泡芙圈。**優點是愛吃多少就切多少。**

枝：這個差不多有**小型腳踏車的輪胎大**吧？**雙層鮮奶油再淋上巧克力醬**，根本是**重砲攻擊**嘛…。

多：如果想同時吃到**泡芙皮、鮮奶油、香蕉**，得準備很大支的叉子，不過我告訴你哦，它沒有想像中甜，三兩下就解決了。我每次做都是全家六個人一起吃，如果小孩的朋友一次來一大群，拿這道點心招待他們也綽綽有餘，而且很受歡迎呢。

枝：哪有不受歡迎的道理呢。連我都想預約了（笑）。吃起來**又香又甜，入口即化**，真的很容易讓人一口接一口。像以前只要我爸爸一買回來，我就會很開心的Kudoh的捲心蛋糕[注1]，還有

West的葉子派[注2]，都是口感蓬鬆輕盈的甜點，容易讓人掉以輕心。只要一口一口慢慢吃，捲心蛋糕怎麼吃都不會膩；葉子派更恐怖，每次都吃到只剩下空袋才肯罷休。

多：你這道巨無霸提拉米蘇，用的容器也有30cm吧。雖然份量龐大，但吃起來口感輕盈，一點負擔都沒有呢！

枝：嗯。一般的提拉米蘇，不都是裝在小杯子裡嗎？可是每次吃那種獨享杯的提拉米蘇，我都在心裡吶喊：「真想再多吃一點」。

多：我懂我懂。所以你才做成大尺寸？

枝：沒錯。我在朋友聚會的時候會做，每次都擔心「會不會做得太大了」。而且大家一看到我拿出來，也一定會大叫「太多了吃不完！」。可是，每次還是一下子就吃得一乾二淨。因為是用湯匙舀來吃，每次的份量都只有一點點，所以**很容易一再追加，最後都搞不清楚到底舀了幾湯匙了**（笑）。

多：真的很恐怖耶。

注2：銀座West的葉子派。派皮的口感酥脆，和表面的砂糖粒形成絕妙滋味，讓人一片接一片停不了口。

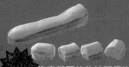

注4：梅森凱瑟的焦糖閃電泡芙。外皮的質地紮實，搭配濃郁的苦味奶油內餡，適合大人享用。

注1：Kudoh的捲心蛋糕。口感濕潤、微苦的巧克力蛋糕體，搭配甜度適中的清爽鮮奶油，風靡了無數食客。

注3：Chocolatier Ertca的「Ma Bonne（Mini）」。牛奶巧克力裡加了棉花糖和核桃碎片，使口感的層次更加提升。雖然份量紮實，卻讓人意猶未盡，吃了還想再吃。

注5：Lotte的「迦納牛奶巧克力」。口感香甜滑順，是多賀小姐的最愛，所以甜點食譜中提到的板狀巧克力，用的都是這款。一片55g，309kcal。

和肉比起來，
甜點對我來說真的是可有可無（多賀）

枝：我這個人的意志力很薄弱，每次都想著再吃一點就好，但最後都不是一點，而是一大堆。像Erika的Ma Bonne巧克力[注3]，我每次都**只切薄薄一片**，可是切了第一片，就有第二片、第三片…。梅森凱瑟的焦糖閃電泡芙[注4]也是。直接吃一整個就好了，但我就是喜歡切成好幾塊，慢慢品嘗。

多：我們家飯後一定會吃甜點，所以間接**害我養成半夜做甜點的壞習慣**。迦納巧克力[注5]、山崎麵包的瑞士捲[注6]、**2公升裝的冰淇淋**[注7]、撒在上面當配料的水煮紅豆，還有巧克力＆焦糖糖漿、噴霧式鮮奶油[注8]都是我家的常備品。

枝：聽你這麼說，感覺你做的甜點主要是給孩子吃，自己只是順便也吃一點的樣子呢。

多：沒錯。和肉比起來，甜點對我來說只是還好，吸引力沒那麼大。

枝：什麼？？（很訝異會聽到這種答案…）那…那市售的零食你也不吃嗎？

多：這個嘛…嘴饞的時候會買啦[注9]。但是基本上興趣不大。

枝：從以前就是這樣嗎？

多：高中的時候，我可以**一次喀掉三球31冰淇淋**，因為我不能忍受世界上竟然還有我沒吃過的味道。

枝：但是冰淇淋本身對你來說是可有可無？

多：沒錯。我以前在Mr.Donut打工的時候，只要一有機會就會吃現炸好的，而且放進嘴巴馬上化開的法蘭奇甜甜圈[注10]，一次要我吃幾個都沒問題；有段時間，我也超愛吃椰子巧克力口味[注11]。可是和肉比起來，甜點對我來說真的是可有可無耶。所以**我自認我不算常吃甜點的人**。

枝：是…是喔…（汗）。聽你這麼說，我又體會到你對肉類的熱愛了。講到你最愛的肉，我們下次再好好聊一聊吧。（接P.23）

注7　雙葉的「北海道香草冰淇淋」。味道清爽無負擔，在多賀家的一人份是滿滿2～3大匙冰淇淋。

注9　多賀女士經常隨身攜帶的零食。拜爸爸以前是船員，經常帶舶來品回家所賜，所以她對歐美的零食也很熟悉。

注6　山崎麵包的瑞士捲。蛋糕體和鮮奶油的口感都很輕盈，用來製作替代的話可以用掉一整條。是多賀家製作甜點時的固定食材。

注8　從左到右是井村屋的「水煮紅豆」、賀喜巧克力的焦糖糖漿、巧克力糖漿、總統牌的噴霧式鮮奶油。做成什麼都加的總匯口味，是多賀家的慣例。

注10・注11　右／香草口味的甜甜圈體，淋上蜂蜜的「法式法蘭奇」。一個169kcal。左／撒上椰子絲的巧克力甜甜圈「椰子巧克力」，一個303kcal。

雙倍辣椒火燒馬鈴薯　1770kcal

炸雞佐魔鬼醬　1670kcal

★作法在P.86～87。

我自詡為辣椒狂人。
後勁十足的辣度我最愛！（枝元）

枝：雖然你自稱「甜點對我來說可有可無」，不過那只是你個人的感覺吧？對了，你很能吃辣嗎？

多：其實我本來不敢吃辣。可是，我偏偏嫁了一個超愛吃辣的老公。以前我們約會的時候，他就常常煮咖哩給我吃，是那種辣到會拉肚子的辣度。不過這麼多年下來，我也被鍛鍊得很會吃辣了。

枝：真是太猛了。我呢，自詡為辣椒狂人。**不論是紅辣椒還是青辣椒**[注1]**，我家的冷凍庫隨時都有庫存**，如果買得到，我連黃色和橘色辣椒都不會放過，會一起塞進冷凍庫。總歸一句話，我最愛有後勁的辣味了！

多：所以你習慣雙管齊下，紅辣椒和綠辣椒兩種都用囉。

枝：是啊。紅辣椒的辣味刺激性很強，雖然好吃，但是重點還是辣得很爽口的青辣椒。我以前沒有很喜歡咖哩裡的馬鈴薯，沒想到在尼泊爾第一次吃到手抓飯的時候，配菜的咖哩馬鈴薯卻讓我驚艷「哇，怎麼會這麼好吃！」

多：所以你雖然不喜歡咖哩飯，可是覺得咖哩裡的馬鈴薯很好吃嗎？

枝：沒錯。所以從那次以後，我開始追求後勁十足的辣味。這道辣椒炒馬鈴薯在我們家，已經是在家小酌時必備的下酒菜。每次煮一定都吃得盤底朝天，一點也不剩，嘿嘿。

多：你看看，這麼鮮豔的黃辣椒，**簡直像在對著人說「快來吃我吧」**！啊啊，看了好想吃噢。

枝：謝謝，承蒙你不嫌棄啦。你們家的小孩也能吃辣嗎？

多：即使是麻婆豆腐等會辣的料理，我們家也是讓小孩照吃不誤，我不會特地為他們煮一份「小孩專用」的不辣版。

枝：哇！作風好斯巴達喔！

多：也可以這麼說啦（笑）。因為這樣，孩子們不知不覺中也變得嗜吃重辣，和我一起跟隨著老公的腳步，變成超辣世界的居民了。

枝：歡迎你們的加入（笑）。除了辣，如果又辣得好吃，就等於火上加油了。像你**這道炸雞就超級犯規**；我想如果我犯了重大惡行，我可能會祈求神明「神啊，就請您罰我吃這道炸雞吃到撐死吧」。

注1 不用乾辣椒，直接冷凍生辣椒是枝元的作法。她也會使用黃辣椒和橘辣椒，特色是後勁鮮明強烈，形成很有層次感的辣味。

注2 在辣椒裡加了奧勒岡、孜然等香料的綜合辣椒粉。是墨西哥辣味肉醬、墨西哥夾餅的必備佐料。

注3 哈瓦那辣椒的辣度號稱全世界第一。本產品是辣椒粉型態。多賀家會加在咖哩和麻婆豆腐，讓辣度瞬間升級。

注4 枝元自製的綜合辣粉（參照P41）。用來增加肉類和魚類的風味自不在話下，一旦上癮了，連吃納豆也想來一點。請慎用。

注5 祇園味幸的「黃金一味」。用的是日本最辣的黃金辣椒，辣味成分是一般辣椒的十倍。雖然總重量只有13g，存在感卻非常強烈。

在老公和孩子的鍛鍊之下，
成為超辣世界的居民（多賀）

多：說到炸雞，我和我老公從以前還是兩人世界的時候開始，**吃炸雞的時候，從來沒點過桶裝炸雞以外的份量。**

枝：啊？你說的是家庭號炸雞桶吧？只有你們兩個人？

多：唉呀～就算點家庭號，也是一下子就吃光了啊（攤手微笑）。而且**不論是份量還是辣度，市面上賣的沒有一家能讓我們滿意**，所以只好自己做了。我的辣味來源包括**辣椒粉**注2、**哈瓦那辣椒粉**注3等世界知名的辣椒產品。

枝：哇，不愧是魔鬼辣醬！我也很喜歡辛辣的香料。我從以前就會用好幾種辛辣的香料，依照自己喜歡的比例調配，稱之為Edamon獨家配方注4（參照P.41）。我還會自製柚子胡椒注6。對了我告訴你，「日本第一辣黃金一味」注5真的會辣到舌頭發麻！還有辣椒味噌注7和咖哩醬注8，都是我作菜少不了的調味醬。

多：我們家也是。辣根醬注9、哈瓦那辣椒醬注10、墨西哥辣椒醬注11都用得很兇，一下子就用光了。

枝：辣味可以促進食慾，所以胃口就愈變愈好了耶（笑）。包括這道料理在內，我真的很常料理馬鈴薯。**馬鈴薯雖然長得像蔬菜，其實碳水化合物的含量很驚人**，對我來說應該也算禁忌的食材吧。

多：會嗎？我也常煮馬鈴薯耶。尤其是馬鈴薯泥，已經算是我的固定菜色。不過，你不覺得**馬鈴薯泥很像飲料**嗎？

枝：什麼！？（不會啊，左看右看都是食物啊…）

多：可是咕嚕一下子就通過喉嚨了，所以不覺得好像用吞的嗎？

枝：呃…是這樣嗎？連討論吃辣的主題，最後還是以Mako驚人的食慾畫下句點呢。

注6　枝元的家裡，隨時備有用黃柚子和辣椒自製的柚子胡椒醬。炒菜和煮火鍋的時候放一點，保證胃口大開。

注8　PATAK'S的「Extra Hot Curry Paste」。這是專為嗜辣的英國人，也能享受到極辣咖哩醬所開發的產品。辣度和正宗的印度口味有得拼。

注10　MARIE SHARPS的哈瓦那辣椒醬。多賀家愛用的是辣度最強的類型。不論吃餃子還是烤雞肉串，只要淋上幾滴，瞬間化為激辣美食！

注7　李錦記的「辣椒味噌」。粗磨的辣椒醬裡，加了不少大蒜。據說可以代替豆瓣醬使用。

注9　Silver Spring的「Horseradish」。烤牛肉、牛排的必備佐料。在嗜肉＆嗜辣如命的多賀家，隨時都備有一大瓶。

注11　酸味和辣味保持絕佳的比例。最常見的吃法是淋在披薩上，多賀家則是淋在每一樣食物上。被視為可以增添辣度的萬用調味料。家裡隨時準備350ml的大瓶裝。

17

用過頭的違禁品

不管誰怎麼說，我就是愛這味！
本頁介紹的，都是隨時在這兩位家中的冰箱Stand by，而且在書中一再登場的品項。
用的時候當然是毫不手軟，想加多少就加多少。因為要多加一點才好吃呀。

枝元

奶油起司

原本以為用它來取代鮮奶油比較健康…。因為奶油起司不是蛋白質嗎？什麼！它不是？

甜辣醬

雖然加了很多砂糖，甜度驚人，但是也加了一大堆辣椒，辣度強得要命！這種辣死人又甜死人的極端吃法，實在讓我欲罷不能。吃炸雞塊的時候必加，當然美奶滋也是不能少的啦。

醬料

油炸物是我的最愛，所以少不了各種用來搭配的醬料。認真細數起來，冰箱裡居然放了那麼多瓶瓶罐罐。用醬汁調味的薑汁燒肉超級下飯哦。

奶油

以前常看的美國料理節目中，常出現一句台詞「收尾的時候一定要加點奶油呢」。那句話讓我聽得心有戚戚焉。做馬鈴薯燉肉或炒菜時，最後放點奶油進去，味道的濃郁度果然變得不同凡響呢。

多賀

黑胡椒

因為用的機會太過頻繁，我乾脆在好市多（參照P.78）買了這個巨大的黑胡椒研磨器，高達50cm。另外我也在好市多買了黑胡椒粒，方便隨時補充。

大蒜

我們家的大蒜用很兇，用量向來以球為單位而不是瓣。為了處理大量的大蒜，我甚至還想出先用菜刀拍扁，再剝除薄皮的省時絕招。

美奶滋&番茄醬

美奶滋是百搭調味醬，除了吃肉、吃飯、吃炒麵可以加，也可以沾仙貝和洋芋片…。番茄醬也一樣，用途多到數都數不完呢。

蘭姆酒&君度橙酒

我的用料明顯超過提味的程度，簡直要讓人醉倒了。做蜂蜜蛋糕的時候我會加很多，讓蛋糕帶有明顯的酒味，還要配上冰淇淋和巧克力糖漿，屬於我家固定的吃法。

禁忌之門

I

Mako 的
超大份量
肉類食譜

超犯規
厚切肉片壽司

超犯規
厚切肉片壽司

材料（四人份）
豬里肌（塊）*…600g
牛後腿肉…350g
壽司飯
| 白飯（熱飯）…3杯
| 砂糖…3大匙
| 鹽…1/2小匙
| 醋…1/2杯
味噌調味醬
| 八丁味噌（紅味噌）…1大匙多一些
| 砂糖…1.5大匙
| 味醂…1大匙
青紫蘇葉…6～7片
芥末醬・蘿蔔嬰・山葵・蔥花…各適量
酒・黑胡椒（粗粒）・沙拉油…各適量

＊恢復至室溫再使用。

1　製作水煮豬肉片。把豬肉放進鍋子，倒入酒1/4杯，再加入高度可蓋過豬肉片的水。以大火加熱，煮滾後轉成極小火，蓋上落蓋（比鍋面還小的蓋子）水煮約10分鐘。

2　製作半熟牛肉。將牛肉撒上少許鹽和黑胡椒。平底鍋內倒入少許沙拉油，放入牛肉，以大火把表面略為煎過。接著立刻用紙巾把肉塊包住，再用保鮮膜包起來，放進冰箱冷藏。

3　製作壽司飯。把砂糖、鹽、醋加入溫熱的白飯，用飯匙充分攪拌。蓋上布巾，使飯變涼。

4　把味噌醬的材料放進耐熱玻璃碗，以微波爐（600W）加熱約40～50秒。

5　依照喜歡的厚度，把1的水煮豬肉塊切成片。把3的壽司飯捏成圓形，依序鋪上紫蘇葉半片、豬肉，再放上味噌醬、芥末醬、蘿蔔嬰。

6　依照喜歡的厚度，把2的牛肉切成片。把3的壽司飯捏成長條狀，放上牛肉片。最後鋪上山葵和蔥花，撒上適量的黑胡椒。

把汆燙過的熟豬肉片和牛肉片，放在飯糰大小的壽司飯上。只要你奮不顧身地投向粉紅誘惑的懷抱，就能領略肉鮮味美的絕妙滋味

1050kcal

我實在太愛吃肉了，所以曾經跑去燒肉店「モリモリバソバソ」打工

枝：讓大家久等了。接下來你終於可以暢所欲言，和大家聊聊你對肉的熱愛了（笑）。連做壽司，你都要用肉來做嗎！？

多：有一次我用壽司飯搭配前一天剩下的水煮豬肉一起吃，發現吃起來很對味！同理可證，我猜換成炙牛肉應該也會很搭。試過以後果然好吃。所以我們家現在吃手卷也會包肉。

枝：Mako你從小時候就愛吃肉嗎？

多：老實說我爸媽都是京都人，所以桌上的小菜永遠脫離不了魚乾、酒粕醬菜、味噌醃漬物。我私底下都把這些菜偷偷稱為「**暗黑小菜**」（笑）。

枝：暗黑小菜（笑）。

多：但是，我又很愛看「世界的料理秀」、「山林小獵人」、「大草原的小房子」、「我的太太是魔女」這幾個電視節目。每看一次，**好想吃大塊的帶骨肉、好想飽餐一頓豪華肉類大餐**的慾望就不斷膨脹。

枝：所以這些節目就是激發你對肉類產生熱情的起源囉。

多：升上中學以後，我會在放學的時候打電話回家確認晚餐的菜色，如果一聽又是「暗黑小菜」，我就**拿零用錢買肉回去**，自己煎肉吃。

枝：你又不是男生，居然無肉不歡到這種地步喔！！

多：之後我對肉的熱愛有增無減，所以唸短大的時候，我就**去吃到飽烤肉店「モリモリバソバソ**（大口吞一級棒）**」打工**。

枝：什麼！！「大口吞一級棒」？？（大爆笑）。不是我在說，一般的短大生，應該都不會想去取這種店名的餐廳打工吧。

多：可是餐廳提供的員工伙食可以吃到很多肉耶～（一臉陶醉）。

枝：你果然是「為吃而活」的類型，好棒噢。那你最愛吃什麼肉？

多：豬肉、雞肉、羊肉我通通喜歡，不過最愛的還是牛肉！肉的甜味和香氣不用說，**大口咬下去、大口吞下去的感覺實在太痛快了**。這種過癮的感覺，吃蔬菜和魚肉保證無法體會。

枝：有些人到了一定年紀以後，會覺得吃太多肉吃不消，你現在還沒有這種感覺嗎？

多：瘦肉的話，我可以吃**500g**沒問題。

枝：什麼！！我大概吃150g就覺得夠多了。

多：打從我有記憶以來，我只有發燒過三次。平常也不會感冒，我想這都要歸功於我吃了很多肉，嘿嘿嘿～

枝：一定是這樣沒錯！！

極致薯泥佐炸牛肉

一口咬下香氣四溢的炸肉片，相信每個人的心都要被有如天鵝絨般的觸感征服了

牛肉是「肉上肉」。

最極致的吃法，當然是一整塊入鍋油炸。

作法基本上是依照我的愛店特別傳授給我的秘方，再經過我個人微調。

表面炸得酥脆，一口咬下去，鮮美的肉汁立刻在口中流淌。

如果要享受大口吃肉的樂趣，這是我推薦的最佳吃法。

記得一定要搭配堆得像山一樣高的薯泥才夠味喔。

利用Kitaakari品種的馬鈴薯製作，口感綿密滑順，美味更加升級！

請親自體驗什麼是「薯泥可以當作飲料喝」。

材料（容易製作的份量）

炸牛肉

沙朗牛肉（塊）*…1.3kg

橄欖油**…約500ml

岩鹽（粗顆粒）・黑胡椒（粗粒）…各適量

薯泥

馬鈴薯（Kitaakari）…10顆

牛奶…1/4杯

奶油…50g

美奶滋…4大匙

鹽…1小匙

蒔蘿（切碎）…6枝

迷迭香（切碎）…1枝

佐料

水田芥・生菜・

辣根…各適量

＊恢復至室溫。

＊＊下鍋油炸前，先確認油量是否足以蓋過牛肉厚度的2/3。

1　油炸牛肉塊。把橄欖油倒進深平底鍋，加熱到160度。放入牛肉，油炸到油溫升為180度。

2　油煎7～8分鐘，正反面來回翻面三次。等到表面已煎得香脆，起鍋，把牛肉靜置片刻。在表面撒上大量的岩鹽和黑胡椒。

3　製作薯泥。馬鈴薯削皮，切成四等份，用剛好淹過馬鈴薯的水量，水煮至略糊的程度。

4　倒掉煮馬鈴薯的熱水，重新點火加熱，讓馬鈴薯的水分蒸發，表面呈糊狀。

5　把4放進碗中，趁熱加入牛奶等其他食材，用橡膠刮杓攪拌成均勻的泥狀。

6　把2切成片，裝盤，旁邊放上5的薯泥、水田芥、生菜、辣根。

6150kcal

這道炸牛排喚起了狩獵的遠古記憶，我連DNA也跟著沸騰了。（枝元）

活力滿點大蒜煎餃

我們家每個人都愛吃蒜，所以每次買蒜頭，都是以公斤為單位。
我在包煎餃的時候，還曾經被家人抱怨「蒜頭放太少了」，所以後來我索性包了一整顆進去！
這道大蒜煎餃就是這麼來的。
大蒜採內外包夾的方式展開攻擊！這道每一顆都吃得到完整蒜粒的煎餃，我即使做給家裡人吃，
也只有在幾個特別的節日才會登場啦。

材料（40個）

餃子皮（大張）…40張

大蒜…5～6球（40小瓣）

A料｜ 豬絞肉…300g
　　　高麗菜…1/4顆（剁碎）
　　　韭菜…1把（切碎）
　　　大蒜（磨成泥）…3瓣
　　　薑（磨成泥）…50g
　　　醬油・麻油…各2大匙
　　　紹興酒・胡椒…各1小匙
　　　蠔油・味霸＊…各2小匙
　　　砂糖…少許

醬油・沙拉油・麵粉・麻油…各適量

大蒜蘸醬

　　　大蒜（剁碎）…3瓣
　　　醬油…6大匙
　　　醋…2大匙
　　　辣油…1大匙
　　　砂糖…1小匙

＊膏狀的中式調味料。如果沒有，改用中式高湯粉或雞粉也可以。

1　把整球大蒜放入耐熱容器中，微波（600W）加熱約2～3分鐘。等到大蒜的香味釋出，再微波30秒。放涼後，剝皮取出蒜粒，倒入少許醬油。

2　把A料倒入碗中，用手仔細攪拌。每張餃子皮都放上1大匙的A料，再加入一顆1的蒜粒包起來。

3　在大平底鍋內倒入2大匙沙拉油，以大火加熱，放入一半的餃子，呈放射線狀排列。油煎至餃子底部出現焦色。

4　把1.5小匙的麵粉加入3/4杯水溶解。再把麵粉水倒進平底鍋。蓋上鍋蓋，悶煎約3～4分鐘。

5　至水分蒸發後，打開鍋蓋，沿著鍋緣倒入2小匙麻油。等到多餘的水分蒸發，關火。

6　用盤子蓋住鍋內的煎餃，連同平底鍋一起翻面，讓煎餃裝盤。再次以同樣的程序製作剩下的煎餃。最後混合大蒜蘸醬的所有材料，調配成蘸醬。

3200kcal

香辣罪惡肋排

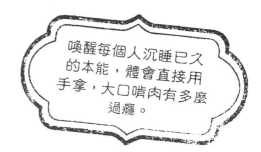
這是我家的招牌肉類料理，已經流傳超過二十五年。

為了滿足家裡的每一張嘴，我每次都是以公斤為單位購買。買回來的第一步，就是沿著骨頭切開整塊肋排。

裹著黑亮醬汁的成堆肉山，立刻裝入六個人的胃袋，只留下堆積如山的骨頭。吃完肉，把白飯加入平底鍋拌炒，將剩下的醬汁一掃而空，才算畫下完美的句點。請大家也務必試試這道「罪惡炒飯」。

4610kcal

材料（容易製作的份量）
肋排…1.5kg
大蒜…2球
瑪撒拉綜合香料…6大匙
A料｜砂糖…2大匙
｜醬油…4～5大匙
｜味醂…2大匙
黑胡椒（粗粒）‧鹽‧沙拉油‧酒
　…各適量
水田芥…適量

1　肋排撒上大量的黑胡椒和少許鹽。
2　把大蒜拍扁，剝皮，再隨意切成小塊。把3大匙沙拉油和大蒜放入大平底鍋，用中火加熱，慢慢爆香大蒜，炒至出現焦色，先將大蒜起鍋。
3　在2的平底鍋放入肋排，一塊塊排好，用中火將兩面煎得焦酥。
4　把2的大蒜放回鍋內，加入酒3/4杯，在肋排撒滿瑪撒拉綜合香料。蓋上鍋蓋用小火燜煎約30分鐘。
5　確認用竹籤能輕易穿入肋排後，加入A料，讓肋排均勻裹附醬汁。盛盤，在旁邊擺上水田芥或芽菜。

畫下完美句點的
罪惡炒飯
把熱騰騰的白飯和切碎的荷蘭芹大量倒入只剩下牛肉醬汁的平底鍋，點火拌炒，最後滴入醬油調味。

帶骨肉真的會讓人一支又一支，停不下來了呢（枝元）

重磅照燒雞排便當

重磅照燒雞排便當

照燒雞排是白飯的好朋友，應該沒有人不想獨享一整片吧？
還要搭配甜蜜蜜的煎蛋捲，吃起來更合拍。
最後放入重鹹的醃紫蘇和清爽的小番茄，
就可以讓人輕鬆完食，一點也不覺得膩口。
當然了，飯菜要壓得緊實一點，不然便當就蓋不起來了。

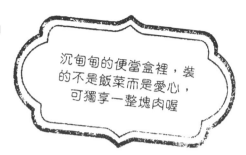

沉甸甸的便當盒裡，裝的不是飯菜而是愛心，可獨享一整塊肉喔

煎蛋捲

材料（2～3人份）
蛋…4個
A料｜砂糖…2大匙
　　｜鹽…1/4小匙
沙拉油…適量

1　把蛋打進碗裡，加入A料仔細攪拌。
2　熱鍋，倒入沙拉油。用稍強的中火，倒入1/5的1。煎至八分熟，從後面將蛋皮捲到前面，再推到鍋子最後面。
3　在鍋子的空處倒入一些沙拉油，重覆同樣的程序，將所有的蛋液煎成蛋皮捲起來。
4　放涼，切成容易食用的大小。

★裝便當的時候…

在便當盒裡裝入滿滿的白飯（照片為400g），接著裝入雞肉、青椒、舞菇，再淋上醬汁。喜歡的話也可以撒點七味辣椒粉或山椒粉。最後裝入適量的蛋捲和醃紫蘇，再放入兩顆小番茄。

這種Size的便當，
真的有辦法蓋得起來！？
（枝元）

1350kcal

照燒雞排與蔬菜

材料（1人份）
雞腿肉*…1片（200～250g）
B料｜砂糖…1大匙多
　　｜醬油…比2大匙略少
舞菇…半盒
青椒…1個半
沙拉油・酒・味醂…各適量

＊恢復至常溫。

1　把雞肉切成兩半，片成厚度均勻的兩片。用手把舞菇撕成容易食用的大小，青椒縱切成兩半。
2　用大火熱平底鍋，倒入少許沙拉油，放入雞皮朝下的雞肉。把舞菇和青椒同時放入鍋內的空處，將兩者煎得恰到好處，先起鍋，放在調理盤上。
3　蓋上鍋蓋，保持大火將雞皮煎到變色。用紙巾擦拭雞肉多餘的油脂。
4　將雞肉翻面，從鍋緣倒入酒1/4杯。再從比雞皮略低的位置，倒入水1/4杯。不必蓋上鍋蓋，用中火將雞肉煎至熟透。
5　等到醬汁減少至1/3左右，加入B料繼續煮。收尾前倒入味醂1大匙半，讓雞肉充分吸收。煮到醬汁變少，再次將雞肉迅速翻面，讓雞皮那一面也吸飽醬汁。
6　把2的舞菇和青椒放入鍋內沾附醬汁，關火。立刻取出蔬菜，讓雞肉繼續留在鍋內。放涼後取出，切成約8mm厚。剩下的醬汁繼續熬煮，讓質地變濃稠。

很豪邁吧!?

真情紀錄毫無作假! **Mako 的大口食肉日記**

種類不拘，牛、豬、羊、雞通通來者不拒。只要有肉就幸福!

攝影／本人

○月×日　年菜

一年之始當然還是肉啦。管它蔬菜還是肉，通通捲起來烤就對了。

△月□日　巨無霸漢堡排

我最自豪的巨大平底鍋，直徑達40cm。和它一比，我的臉變得好小唷!一個重達350g的巨無霸漢堡排，我總共煎了四個。

○月□日　牛排

只要食材好，簡單火烤就很美味。準備七味粉和柚子胡椒粉當佐料，啊、還有日本酒（米酒）。

○月×日　接受朋友點菜

義大利麵加入法蘭克香腸，水煮後就是這副模樣。朋友告訴我「這是我參考網路食譜」。

△月□日　又是帶骨肉…

和一大堆蔬菜一起放進烤箱烤!只要撒點鹽和胡椒，好吃到快令人流淚。

○月×日　其實是羊肉!

香料撒得足，一吃就上癮。撒在上面的粉紅胡椒粒，勉強達到配色的標準。

×月○日　大蒜煎餃

特製的香Q厚皮大顆煎餃!大蒜的份量可不是小兒科等級的。

○月□日　油炸菲力豬排

先把豬菲力切成5cm厚，再拍打成薄片。醃肉的醬汁當然也有大蒜囉!

△月□日　40人

為了派對的外燴餐點，我準備了3kg的肉丸。

○月□日　連骨髓都能吃

小牛膝不但含有豐富的膠原蛋白，味道也是　級棒!燉到連骨髓都軟了。

○月×日　我拿手的…

誰叫我不小心買到了巨大的肋排，只能乖乖動手做了。連骨膜也吃得一乾二淨。

○月×日　火烤一整塊牛腰肉的喜悅

牛肉塊裡塞滿大蒜，再放進烤箱烤。嗯，禁忌的料理無誤。

這道烤牛肉也是撒了很多從好市多買來的調味料。呵呵呵。

×月○日　台灣味

憑著印象燉煮了軟嫩Q彈的豬腳和黃豆。少了八角和紹興酒就不對味了!

×月○日　雞翅40隻

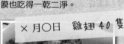

以加了優格的香料所醃漬而成的坦都理印度烤雞。肉質怎麼可以這麼軟嫩啊～

×月○日　皮是重點

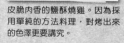

皮脆肉香的鹽酥燒雞。因為採用單純的方法料理，對烤出來的色澤更要講究。

△月□日　我最愛的…

作法很簡單，用迷迭香醃漬羊小排，再放進烤箱烤就好了。我一個人可以輕鬆解決十支!

×月○日　濃稠鮮美的醬汁～

口味十足道地的「東坡肉」。因為實在太好吃了，連我自己都忍不住老王賣瓜。

△月□日　卯足了勁在炸雞

混合了雞腿、雞翅、小雞腿等各個部位。我當然是帶骨派。

禁 忌 的 冰 箱 門 ❶

多賀

各部位的肉類，已經在冷藏室和冷凍庫就定位，隨時準備上場。剛好我才去台灣旅行回來，所以有段時間很迷豬腳料理。

上層（冷藏）

隨時備有3～4盒有鹽奶油，製作甜點時也派得上用場。

350g的管裝奶油起司，是製作大條三明治的必備食材（P.53）。

在台灣買的調味料。

瓶瓶罐罐裡裝的是辣調味料、配飯的佐料等。

在好市多買的整塊起司。

巧克力醬（P.70）、糖漬橘子、煮蘋果都是自己做的。都是麵包的抹醬。

焦糖醬、巧克力糖漿、按壓式泡沫鮮奶油、黑糖蜜等，都是製作甜點的基本材料。

美奶滋和番茄醬都放在最容易拿出來的位置。

整塊牛肩肉、牛舌塊、羊小排等肉類區。

煉乳是咖啡用。不過最美味的吃法是直接舔。

下層（冷凍）

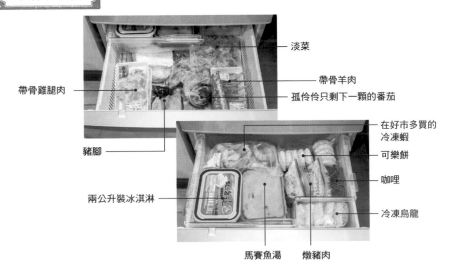

淡菜

帶骨羊肉

孤伶伶只剩下一顆的番茄

帶骨雞腿肉

豬腳

兩公升裝冰淇淋

馬賽魚湯

燉豬肉

在好市多買的冷凍蝦

可樂餅

咖哩

冷凍烏龍

※其實還有一個抽屜，裡面放了冷凍水果等。

禁忌之門

II

枝元的
有完沒完
之食譜篇

所有口味一次滿足
咖哩飯

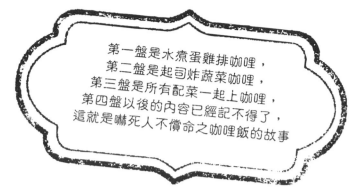

第一盤是水煮蛋雞排咖哩，
第二盤是起司炸蔬菜咖哩，
第三盤是所有配菜一起上咖哩，
第四盤以後的內容已經記不得了，
這就是嚇死人不償命之咖哩飯的故事

所有口味
一次滿足咖哩飯

材料（3～4人份）

薑黃飯

米…3杯

A料｜薑黃粉…半小匙
｜西式高湯塊…1塊（切碎）

咖哩醬

洋蔥…2個（切薄片）

B料｜沙拉油…2大匙
｜小茴香籽…半小匙

C料｜番茄汁（有鹽）…1杯
｜西式高湯塊…1塊

咖哩塊…150g

配菜

加工起司片・番茄・水煮蛋・高麗菜・
茄子・秋葵…各適量

炸雞排

雞腿肉…2片

鹽・胡椒…各少許

麵粉・蛋汁・麵包粉・炸油…各適量

中濃豬排醬…適量

1300kcal

1　製作薑黃飯。將洗好的米放入電鍋，
加入一般煮米的水量，混入A料炊煮，加
鹽混合。

2　製作咖哩醬。把洋蔥放進耐熱容器，
用保鮮膜包起來，微波（600W）加熱10
分鐘。把B料放進鍋內，以中火加熱，煮
到冒泡後加入洋蔥。轉大火讓水分蒸發，
在洋蔥燒焦前調為中火，慢慢把洋蔥炒至
變色。

3　加入C料和水2杯半，煮開後關火，加
入折成小塊的咖哩塊攪拌。以偏弱的中火
加熱，邊攪拌邊煮約10分鐘。

4　製作配菜。把加工起司片、番茄、水
煮蛋切成1～2cm的小塊，高麗菜切絲，
茄子切成2cm小塊，秋葵用刀尖劃開。用
鹽、胡椒把雞肉醃起來，依序抹上麵粉、
蛋汁和麵包粉。

5　在平底鍋內倒入1～2cm深的炸油，加
熱至180度，放入茄子和秋葵油炸。等到
油溫降到170度，放入雞皮朝下的雞肉，
將兩面炸得酥脆。起鍋後切成容易食用的
大小，淋上中濃豬排醬。

6　盛好薑黃飯，淋上咖哩，再盛上喜歡
的配菜就可以開動了。

我喜歡種類很多，每種各吃一點。沒想到積少成多，最後還是吃了驚人的份量

多：你**這道咖哩實在是罪孽深重**耶。靠著配菜的變化讓食欲不斷重振旗鼓，讓人根本不知道要吃幾盤才肯罷休嘛…。

枝：呵呵呵。其實這道菜的起源是我非常想吃炸豬排咖哩，可是又不好意思在外面點…。

多：吼，愛吃油炸物的本性露出來了。

枝：是啊。在家裡自己做的話，可以**想吃多少就吃多少**。

多：你連搭配的蔬菜都一起炸了呢。

枝：嘿嘿嘿。我喜歡蔬菜炸過後變得酥脆的口感。而且，把紅蘿蔔和馬鈴薯當作配料加進咖哩一起燉，不是只能吃到一種口味嗎？

多：我想一般人煮咖哩，每次都只吃到一種口味…。

枝：可是我就是想多吃幾種口味嘛！所以我準備了沒有配料的咖哩醬和薑黃飯，打算配菜另外加。如果用小碗裝，就可以續碗。**每次續碗的時候，都可以搭配不同的配菜**，這樣的吃法不就很有變化嗎？

多：你根本是用「小碗蕎麥麵（日本盛岡的三大麵食之一。一碗的份量很少）」的概念來煮咖哩嘛（笑）。

枝：是啊。但是找朋友一起來家裡吃，大家邊吃邊聊，不斷續碗。我原本**打算只吃小碗，最後卻發現吃的量比一大盤還多**呢（笑）。糟糕，這道咖哩真是害人不淺耶。

多：這種**沒完沒了的吃法真的很恐怖**（笑）。Edamon從以前就中意這種吃法嗎？

枝：有嗎～我想想。說不定是受到我父親的影響吧。他以前常買捲心蛋糕、葉子派啦這種「份量輕薄短小，但是一吃就忍不住吃一大堆」的點心回來。

多：我可以一次吃很多，可是續航力很差，沒辦法長時間一直吃。

枝：我沒辦法一次吃很多，而且我喜歡小盤的料理。但是一盤只有幾口的料理，吃多了，量也是很可觀。所以到頭來我還是吃很多（笑）。

「每次只吃一點，一直吃下去」和**「每種各吃一點，可以吃到很多種類」**對我來說是兩大危險關鍵句。而且發生的機率又以半夜居多（笑）。

多：一不小心就會一直吃不停，果然很可怕啊！！

甜辣雙醬萬歲脆片

吃過這款脆片，以後你就會覺得市售的洋芋片吃起來實在太空虛，味如嚼蠟。

餛飩皮和春捲皮吸附了雞皮的油脂和風味，吃上一口保證胃口大開。

只撒點鹽調味也行，但是…大家不都是只要吃了辣的東西，就想來點甜食換口味嗎？

甜味蘸醬以奶油起司和楓糖漿調配而成，辣味蘸醬則以特製香料為基底。

雙醬在手，唯一的宿命就是吃完為止，因為你一定不能自己，無法罷口。

先吃甜、再吃辣，吃完辣的再吃甜。沒完沒了的「甜又辣」，萬歲～！！

材料（容易製作的份量）

脆片

　雞皮…200g

　餛飩皮·春捲皮…各適量

　沙拉油…適量

　枝元特調粉

　　鹽…半小匙

　　紅椒粉…2/3小匙

　　小茴香粉·芫荽粉·辣椒粉…各半小匙

　　奧勒岡粉…1/6小匙

辣味蘸醬

　番茄…1大顆

　洋蔥（切末）…2大匙

　大蒜（切末）…少許

　橄欖油…半大匙

　鹽…少許

甜味蘸醬

　奶油起司…50～60g

　楓糖漿…2～3大匙

1　製作脆片。用紙巾擦乾雞皮。在鐵氟龍加工的平底鍋內，倒入少許沙拉油，以中火熱鍋。將雞皮的內側朝下放入，以小火加熱。不時用木鏟翻動，煎約8分鐘。翻面，再煎5～7分鐘，直到兩面變得酥脆。煎好後起鍋。

2　補充適量的沙拉油，加熱到170度，放入餛飩皮，將兩面炸得酥脆。把春捲皮切成兩半，同樣放入鍋內油炸。將三種脆片撒上一半的枝元特調粉。

3　製作辣味蘸醬。番茄去籽，切成粗丁。將鹽以外的所有材料和剩下的枝元特調粉混合，試過味道後再酌量加鹽調味。

4　製作甜味蘸醬。把奶油起司放入耐熱碗，用保鮮膜包起來，微波（600W）加熱約30秒。再加入楓糖漿攪拌均勻。

5　將2盛盤，擺上兩種口味的蘸醬。

1650kcal

記不清說好的「最後一片」到底有幾片了…反正就是一直吃，吃到一片不剩為止～（笑）（多賀）

即使是因為被香味吸引，不小心飲「油」過量，要怪也只能怪你自己。誰叫你要上當呢。

油滋滋
西班牙蒜蓉蘑菇蝦

雖然這道料理名為「西班牙蒜蓉蘑菇蝦」，不過最精華的卻是「油」。
不論蝦子還是蘑菇，不過都只是「熬油」的食材；
我製作這道菜的目的，是為了盡情享用飽吸食材精華的橄欖油。
所以囉，請大家多準備一些容易吸油的法國麵包或佛卡夏。
一口咬下蘸滿油脂的麵包，讓香氣滿溢在口中，堪稱人間美味啊。
保證吃得一滴也不剩，盤底清潔溜溜。應該改名為最佳環保食譜噢（笑）。

材料（容易製作的份量）
蝦子（甜蝦或砂蝦都可以）
　…去殼200g
蘑菇…6大顆
A料｜白酒…1大匙
　橄欖油…1小匙
　鹽…半小匙
　黑胡椒（粗粒）…少許
B料｜大蒜…2瓣（分成4等份。一瓣約5～8g）
　橄欖油…半杯
　月桂葉…1片
　百里香（新鮮）3～4枝
鹽・黑胡椒（粗粒）…各適量
麵包…多少都行

1　蝦子去殼並剔除腸泥。用鹽水（用1大匙鹽加入3杯水）略為清洗，用紙巾擦乾，再加入A料搓揉。把蘑菇切成2～4等份。
2　把B料放入小鍋內，以中火加熱。待大蒜開始冒泡，轉小火再煮5分鐘左右。
3　放入蘑菇，蓋上鍋蓋，煮3分鐘後加入蝦子，再蓋上鍋蓋。再煮6分鐘，盛盤。撒上黑胡椒，擺上一起燉煮的百里香。
4　把麵包切成容易食用的大小，一起裝盤。接著就以麵包蘸著油脂，搭配蝦子和蘑菇一起享用。

1620kcal

光是想像就有預感這一定好吃得要命。天啊，我想吃到快暈倒了。（多賀）

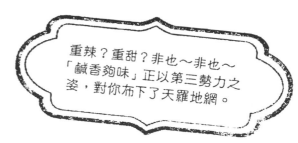

重口味鹹香火鍋

我有次在一間店吃到了陳年泡菜（酸白菜）火鍋，
因為實在太好吃了，讓我也很想自己動手做做看。
雖然沒有帶勁的辣味，也沒有濃郁的甜味，
但是陳年泡菜的酸味和鮮醇滋味卻讓人欲罷不能，
再加上豬肉的甜味加持，成就了這股「鹹香夠味」的絕妙佳餚。
雖然腦中浮現「鹽分過高」這句警戒標語，我最後還是把心一橫，加了麵條當作收尾。
大讚滋味真是了得的同時，眾人不知不覺的吃到鍋底朝天，連湯也喝得一滴不剩。
推薦中途加豆漿的吃法喔。

1460kcal

材料（容易製作的份量）
火鍋料
　陳年泡菜（酸白菜）…200g
　酸莖漬*（或醃很久的酸菜）…100g
　豬五花（薄片）…100g
　雞胗…100g
　A料｜醬油・酒…各半大匙
　　　｜胡椒…少許
　太白粉…1大匙半
　鴻禧菇…1盒（150g）
　金針菇…1袋（150g）
　板豆腐…半塊（150g）
　切塊麻糬…4～6個
　麻油…1大匙
湯頭
　雞湯**…5杯
　鹽…半小匙
　魚露（或淡色醬油）…1大匙
　醋…2大匙
　辣油…適量

＊酸莖是蕪菁的變種。
＊＊把中式雞湯粉溶於5杯熱水。

1　順著白菜纖維的方向，把陳年泡菜切成細絲。把豬肉切成1cm寬；剝掉雞胗的硬筋，切成薄片。把豬肉和雞胗放進碗內，先用A料搓揉入味，再撒上太白粉。

2　把鴻禧菇撕成一朵朵。金針菇切成3等份。把豆腐切成寬1cm ×長3～4cm。切塊麻糬對半切開。

3　把麻油倒進平底鍋，以中火熱油鍋，放入切塊麻糬排好。把兩面都煎成金黃色後，起鍋。

4　除了醋和辣油，把湯頭所有的材料放進鍋內煮滾，再放入鴻禧菇和金針菇，以中火煮開。煮開後，加入1和酸莖漬煮4～5分鐘。

5　加入豆腐和3的切塊麻糬略為煮過，滴入醋調味。試試味道，可酌量再加入魚露或淡色醬油（都是另外的份量）調味。最後加點辣油，或撒些香菜末和碎花椒。

鍋裡已經放了切塊麻糬，還若無其事地說以麵條收尾。不愧是枝元的作風！（多賀）

無限的好吃燒

永無止境的配料和醬汁。
但是只要大家一起吃就不用怕…是這樣嗎？

很久以前，有次去朋友家玩的時候，我拿出帶來的烤盤，
向大家提議「來做好吃燒吧，亂做一通也沒關係」。
結果朋友都很捧場，拼命說我是天才。
如果去店裡吃，一次只能吃到一種口味，
但是自己做的話，只要多放點配料，感覺就很高級。
只煎一片麵糊，口味和配料卻有無限種變化，想到這點更讓人躍躍欲試。
當然，料放愈多，熱量也愈高。算了，管他的。
其實呢，放點炒麵煎一煎更好吃喲。

材料（容易製作的份量）
油煎的麵糊
　麵糊
　　麵粉…3杯
　　鹽…1/3小匙
　　昆布茶（粉）…1大匙
　　冷水…3杯
　高麗菜…半顆（切成2～3cm的細絲）
　蔥…半根（縱切成兩半，再斜切成薄片）
　天婦羅屑…半杯
　紅薑…1/4杯
　蛋…10個
配料
　豬五花肉（薄片）…300g
　牡蠣…300g
　披薩用乳酪絲…100g
　切塊麻糬…2～3個（切成1.5cm小塊）
　明太子・日本水菜・香菜・豆芽菜…各適量
醬汁
　中濃豬排醬・甜辣醬・美奶滋・
　檸檬…各適量
鹽・沙拉油…各適量

如同好吃燒的名字，真的是「只要照自己喜歡的方式做，怎麼做都好吃！」。
起碼我有被誘惑到。（多賀）

1　進行配料的前置處理。把牡蠣放入碗中，加入2小匙鹽，小心攪拌以去除髒污。沖洗乾淨後放進瀝水籃。用少許沙拉油熱平底鍋，放入牡蠣，以中火加熱。不時搖晃鍋子，直到牡蠣膨脹。將水菜隨意切成大段，剁碎香菜；將豆芽菜以水洗淨，瀝乾。

2　製作麵糊。把冷水以外的麵糊材料放入碗中攪拌，最後加入冷水。

3　煎麵糊。把一勺子的麵糊倒進小容器，放入一把高麗菜、一小撮蔥花、1大匙天婦羅屑、少許紅薑、蛋1顆，攪拌均勻。

4　把喜歡的配料加入3，倒入190度的烤盤，每面各煎約7分鐘。煎的時候兩面都不要壓。

★豬肉和乳酪絲先放進烤盤煎到一定程度，最後再加入麵糊一起煎得脆脆的。配料的蔬菜也可以換成自己喜歡的種類。

★枝元的誠摯推薦
・豬五花×水菜×豆芽菜＆甜辣醬＋中濃豬排醬＋美奶滋
・牡蠣×明太子×麻糬＆甜辣醬＋美奶滋
・牡蠣×香菜＆檸檬汁＋鹽
・起司×水菜×豆芽菜＆甜辣醬＋中濃豬排醬

4720kcal

真情紀錄毫無作假！ 枝元的永無止境滿腹日記

我老是不知不覺的煮太多，吃過頭。可是，這兩樣我都戒不掉！

攝影／本人

○月×日 這會讓人吃上癮

這是捏給工作人員吃的章魚飯，但我也吃了好幾個。章魚飯會讓人上癮耶。

△月□日 我超愛這個

用柚子醋做的壽司飯和用柚子醋提味的小鯽魚。我一步也沒有離開盤子前面，一直吃到動不了為止。

×月○日 比鬧鐘更有效的醒腦劑

早餐的固定款；蘘蕎醬油荷包蛋飯。蕎麥醬油很下飯，再搭配半熟蛋，真的太誘人啦。

○月□日 來自品川車站

豆狸的芥末豆皮壽司是出差的良伴。我一個人可以輕鬆解決10個。

○月×日 大就讓我開心

瓠瓜。看到這麼大一個，我「哇！」的一聲決定買下，把它當作咖哩的配料煮了。

△月□日 煮太多了

員工伙食的試作品。六道菜中有五道是米。「吃完了要自己收拾」是我們心照不宣的默契。

○月×日 這不是義大利麵

高麗菜飯佐肉醬。肉醬很下飯呢。

×月○日 兩者缺一不可

印度南餅披薩。配料是吻仔魚和櫛瓜。調味是起士和美奶滋。起士和美奶滋哪個比較好？當然是兩樣都好啦。

○月□日 深夜的大忌1

半夜寫稿的第一號良伴。辣味蘇打餅。吃起來餘味無窮喔。慘了。

△月□日 深夜的大忌2

同為半夜寫稿的良伴，編號2。一口巧克力。我喜歡中間脆脆的口感。一個不注意，整袋都空了。

○月□日 深夜的大忌3

同為半夜寫稿的良伴，編號3。福島屋的餅乾。外表樸實，吃起來卻是驚人的美味。才開封沒多久，就少了一大半了。

○月×日 賄賂也可以用炸的喔！

炸羊排。這是我的拿手菜之一。我打算用這個來賄賂朋友，拜託他在工作上幫我個忙。

○月×日 蔬菜也下油鍋炸！

某天送到田裡的慰勞品。這是包了炸舞菇和炸南瓜的飯糰。重點是米，米啦。

×月○日 大掃除也要炸炸炸！

趁著清冷藏櫃和冷凍庫的庫存，來炸蝦吧。也得準備很多塔塔醬才行。

×月○日 少女心

充滿浪漫情懷的少女心偶爾也會上身。但是一下子就消失了。

×月○日 義煮時間

雖然是老王賣瓜，但我真的很適合煮大鍋飯耶。

×月○日 捏啊捏啊

西藏麵包（Tibetan Bread）。這是在露營地的石窯烤出來的麵包，我一連吃了好幾個。

△月□日 啤酒一喝就停不下來

收到現採的檸檬，決定做成糖漬檸檬。把檸檬糖漿加進啤酒裡好好喝喔。

×月○日12kg的炸雞

在印度能夠一次料理12kg的炸雞，實在太奢侈了。炸雞這種東西，不管多少我都吃得下。

○月×日 100人份的壽司

也是在印度做的100人份捲壽司。捲壽司也會讓人一口接一口耶。

奶油、起司、牛奶、冰淇淋等乳製品一應俱全，若計算乳脂肪，這個冰箱的庫存量一定很驚人。
鰻魚、番茄醬、吻仔魚這幾位碳水化合物的好朋友，都是冰箱裡的熟面孔，彼此常相左右。

左側（冷凍）

右側（冷藏）

高達起司、莫札
瑞特起司、費達
起司、藍起司都
是心頭好。

冷凍烏龍麵、冷凍白飯
絕對不會斷貨。

辣味番茄醬。麵包和
義大利麵一應俱全。

450g裝的有
鹽和無鹽奶油
是常備品。

哈根達斯的冰淇淋隨
時都有庫存。

550g裝的
鰻魚醬常駐
冰箱。

不缺席的哈根達斯
小杯裝冰淇淋。

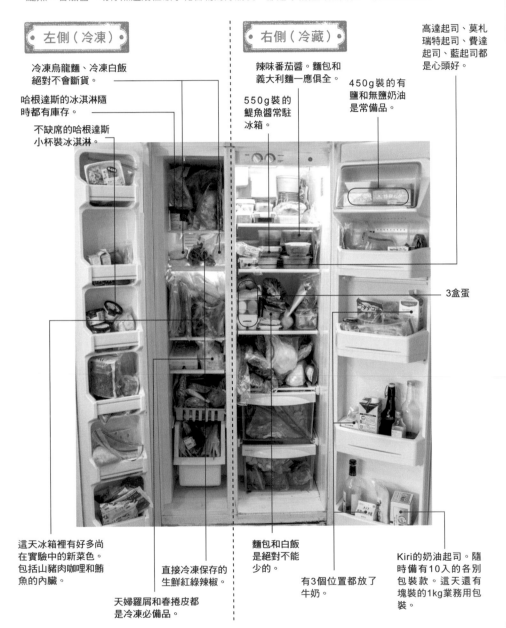

3盒蛋

這天冰箱裡有好多尚
在實驗中的新菜色。
包括山豬肉咖哩和鮪
魚的內臟。

麵包和白飯
是絕對不能
少的。

Kiri的奶油起司。隨
時備有10入的各別
包裝款。這天還有
塊裝的1kg業務用包
裝。

直接冷凍保存的
生鮮紅綠辣椒。

有3個位置都放了
牛奶。

天婦羅屑和春捲皮都
是冷凍必備品。

★另外還有一個「隱藏式冷凍庫」。裡面放了500g的培根肉塊、重口味鹹香火鍋（P.44）的陳年泡菜等，堪稱「食材的藏寶庫」。

禁忌之門

III

VIVA
碳水化合物

黑白雙色炒飯

特大條法國麵包三明治

✳ 黑白雙色炒飯

材料（2人份）
白飯（熱）…2杯
豬五花肉（切薄）…100g（切成1cm寬）
四季豆…70g（切成1cm寬）
大蒜（切成粗末）…2瓣
A料｜魚露…1大匙
　　｜胡椒…適量
B料｜甜麵醬…1.5～2大匙
　　｜中式雞湯粉…半小匙
蔥（粗末）…7cm長
蛋…2個
沙拉油‧醬油‧胡椒…各適量

1　在平底鍋內倒入少許沙拉油，煎好兩顆荷包蛋。
2　略為擦拭煎完蛋的平底鍋，再倒入1大匙沙拉油和蒜末，以中火爆香。放入豬肉，炒至豬肉滲出豬油。接著放入四季豆，拌炒至變得油亮，再依序加入A料拌炒。
3　倒入一半的飯量，邊炒邊把飯粒攪散。加入B料混合，在鍋底倒入1大匙醬油，再加入蔥花和胡椒迅速攪拌。
4　在盤裡盛上剩下的白飯，炒飯盛裝在旁邊。放上荷包蛋，可依個人喜好放點蘿蔔乾和芽菜。　　　　　　　　　　（枝元）

940kcal

✣ 特大條法國麵包三明治

材料（一整條法國麵包份量）
法國麵包（偏粗）…1條
奶油起司…350g
午餐肉罐頭（Spam）…170cm（切成1cm厚）
燻鮭魚…120g
加工起司片…80g（切成5mm厚）
酸豆…2大匙
顆粒芥末醬…2大匙
黑胡椒（粗粒）‧美奶滋…各適量
羅勒‧義大利香芹‧蒔蘿（乾燥）…各適量

1　從側面剖開法國麵包，在下層的麵包上塗滿奶油起司。
2　在奶油起司上，鋪上午餐肉片和燻鮭魚片。午餐肉片上再放上起司片，燻鮭魚上疊上酸豆，再撒上適量的黑胡椒。最後夾進羅勒和義大利香芹。
3　在上層的麵包擠滿美奶滋。在午餐肉旁疊上芥末醬，在燻鮭魚旁放上蒔蘿。
4　把麵包闔起來，讓配料融為一體。切成適合的大小食用。可依個人喜好淋幾滴橄欖油。　　　　　　　　　　（多賀）

3460kcal

我吃飯時都把白飯當作配菜在吃（枝元）

我覺得吃麵包好像在吃空氣喲（多賀）

多：Edamon！你這道炒飯真是不得了！「黑白雙色炒飯」的「黑白」是什麼意思啊。我原本以為黑是指肉燥，沒想到你是**把炒飯當作白飯的配菜在吃**。飯配飯耶！不得不說，你實在太超過啦。

枝：這道料理是我特別替阿彩設計的。她是一個超愛吃飯的女孩子。她說「用炒飯來配白飯吃最過癮了」。正巧我也愛吃飯，所以我就想出這道用炒飯來當配菜的料理。

多：鹹鹹甜甜，又帶點辣。這道配菜的**味道實在太威了！**

枝：對啊，這是一道**很下飯的飯**喔（笑）。

多：我也很愛吃飯。如果要我麵包和白飯二選一，我一定選白飯。因為我覺得**吃麵包有一半好像都在吃空氣。**

枝：什麼？好像在吃空氣！？（不會吧，麵包我也照吃耶…）

多：好吃歸好吃，但總覺得不是很紮實哪。

枝：原來如此。所以你這道「特大條法國麵包三明治」，才會放了一大堆配料吧。我本來自認是個很愛奶油起司的人，但是除了蛋糕以外，看到100g的奶油起司還是會怕怕欸。沒想到你這道塗了350g…。**光是奶油起司這一層就有1cm厚**吧？

多：差不多吧（顯示為笑咪咪狀態）。

枝：而且還**整面塗上美奶滋，再疊上午餐肉和鮭魚**哦？

多：是啊（仍然保持笑咪咪狀態）。

枝：順便請教一下，這…這不是一人份吧？

多：一個人當然吃不完啦～。如果是一人份，我會改用小一點的麵包。這種尺寸大部分都是我和小孩出門的時候，做成便當用的。通常我會**用奶油起司和蜂蜜再做一條，當作甜點**。

枝：用奶油起司和蜂蜜做的應該也很好吃啦，可是還是太恐怖了（笑）。不管麵包還是飯，我覺得碳水化合物實在是很偉大的存在。因為它們對維持生命的基礎功不可沒啊。雖然現在很流行斷醣飲食，但是**碳水化合物對我來說相當於心靈的支柱**，所以我真的戒不了。

多：你的心情我了解。我們家也是。最高紀錄是**全家六個人一餐吃掉1.5公斤的米**。碳水化合物對我們來說就是精力的來源。和標題「VIVA！碳水化合物」真是不謀而合呢！

三巨頭甜蜜
歐姆蛋牛肉燴飯

一旦嚐過了含有大量砂糖的歐姆蛋，你就回不去了。因為普通的蛋包飯再也無法滿足你

這道料理的重點是運用「蛋白質的三巨頭」。
包括燉牛肉的「牛肉」、蛋包飯裡的「雞肉」，
還有加了大量的砂糖和奶油完成的「半熟蛋」。
雖然重量感十足，但是容易入口的程度和飲料有得比，肯定會讓你一口接一口。
再淋點鮮奶油的吃法也很推薦！
吃法不能小家子氣，要吃就要連蛋、連肉、連飯一起吃個過癮。
這就是多賀家的標準吃法。

材料（4人份）
燉牛肉
　零散的碎牛肉…300g
　蘑菇…8個（切薄片）
　洋蔥…2個（切薄片）
　大蒜（切末）…2瓣
　A料　紅酒…1杯
　　　　番茄水煮罐頭（整顆）…1罐（400g）
　　　　高湯塊…1塊
　　　　月桂葉…2片
　B料　燉牛肉的高湯塊…5盤份
　　　　紅味噌…50g
　　　　醬油・味醂…各1大匙
　沙拉油・鹽・胡椒…各適量
雞肉飯
　白飯（熱的）…3杯
　雞腿肉…1片
　洋蔥（切粗末）…1個
　大蒜（切粗末）…3瓣
　奶油…20g
　C料　西式雞湯粉…1小匙
　　　　番茄泥…3大匙
　　　　番茄醬…2大匙
　　　　醬油…1小匙
甜味半熟蛋
　蛋…8個
　砂糖・鹽・奶油…各適量

1　製作燉牛肉。在平底鍋內倒入2大匙沙拉油熱鍋，放入洋蔥和大蒜爆香，拌炒至變成咖啡色。加入牛肉和蘑菇繼續拌炒，並加入A料和水3杯，煮滾後轉小火繼續燉煮40分鐘。加入B料，撒入適量的鹽和胡椒調味。

2　製作雞肉飯。把雞肉切成1cm小塊。把奶油和大蒜放進鍋內，以中火加熱。加入雞肉和洋蔥仔細拌炒，再加入C料調味。

3　把2混入白飯，依照人數裝盤。

4　製作甜味半熟蛋。把一人份（每兩顆蛋）各加入1～2匙砂糖、一撮鹽攪拌均勻。放入奶油15g熱鍋，一口氣倒入蛋液，大力攪拌為半熟狀，盛放在3上。剩下的三份也依照同樣的方式製作。

5　淋上大量的燉牛肉，依照喜好把番茄醬擠在半熟蛋上，也可以再放上荷蘭芹當作裝飾。　　　　　　　（多賀）

1430kcal

我打從心底認為，能夠製作出這道料理的人，一定會成為高中男生的偶像。（枝元）

紅燒肉和白飯是你儂我儂的組合。在五香粉搧風點火之下，激情似火，一發不可收拾

台式鹹甜
豬五花失控魯肉飯

回到日本以後，我一直念念不忘台灣之旅路邊攤嚐過的滋味，所以有了這道重現當時好滋味的料理。
可能是台灣當地熬煮的時間更久，所以濃稠度和鮮醇味更勝一籌，
好險有炸洋蔥扮演救星的角色。
雖然燉煮的時間很短，味道還是很道地。
入口即化的五花肉當然不在話下，食慾在五香粉的誘惑下火力全開，
忍不住一再添飯，完全呈失控狀態。

材料（4人份）
豬五花肉（塊）…約500g
A料 黑糖…2～3大匙
酒・醬油…各3大匙
水…2杯
水煮蛋…4～5個
炸洋蔥
洋蔥…半大顆
麵粉・沙拉油…各適量
B料 蠔油…1大匙
五香粉…1/3～1/2小匙
白飯…適量
沙拉油…適量

990kcal

1　豬肉切成1×2cm的小塊。把1大匙半的沙拉油倒入厚鍋裡，以中火熱鍋，放入豬肉靜置約2分鐘，等到邊緣變色，開始翻炒。炒2～3分鐘後，等到肉塊完全變色，用紙巾吸掉多餘的油脂，再把豬肉炒至均勻上色。
2　依序加入A料，沸騰後撈出浮沫，放入水煮蛋。燉煮約40分鐘，並隨時撈出多餘的浮油。
3　利用燉煮的時間炸洋蔥。把洋蔥直切成兩半，再切成薄片，撒上麵粉。在平底鍋內倒入約1cm深的沙拉油，加熱到170度，放入洋蔥絲油炸。中途約攪拌兩次，炸的時間約7分鐘。微微炸上色後，從鍋內撈出來瀝油，把2/3的份量加入2。
4　把B料加入鍋內，煮4～5分鐘。在碗公裡盛好飯，淋上五花肉和肉汁，再鋪上剩下的炸洋蔥，在旁邊擺好滷蛋。可依個人喜好加點醬菜。　（枝元）

白飯和五花肉飽吸了黑糖的香醇和豬肉的精華，沒有不好吃的可能。（多賀）

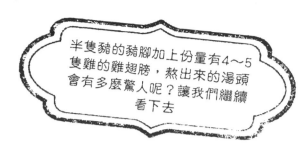

半隻豬的豬腳加上份量有4～5
隻雞的雞翅膀，熬出來的湯頭
會有多麼驚人呢？讓我們繼續
看下去

豬腳尬雞翅
太超過咖哩烏龍麵

用小火慢燉豬腳和雞翅，就能熬出一鍋富含膠原蛋白的ㄉㄨㄞㄉㄨㄞ好湯。
如果用這樣的湯頭來煮咖哩烏龍麵…
天啊！有誰會這麼貪心。
基本上，這道食譜是兩道料理的結合。
一是我在台灣吃到的咖哩牛肉麵，二是豬腳雞翅鍋。
好歹我也知道再把牛肉也加進去就太超過了，
所以這次手下留情，只放了豬和雞而已喔。

材料（4人份）
烏龍麵（冷凍）…4球
豬腳*…2隻
雞翅…8～10隻
A｜酒…1杯
料｜薑（厚片）…10g×4塊
　　大蒜（隨意切碎）…2大球
　　蔥（蔥綠）…1支
　　咖哩粉…3大匙
　　砂糖…1大匙
　　八角…2顆
　　辣椒…2根
蘸麵醬（3倍濃縮）…5大匙半
太白粉…2大匙多
蔥花…1支

＊已經煮熟。

750kcal

1　把豬腳和雞翅放進壓力鍋，加入A料和水1公升。蓋上鍋蓋，點火加熱，以壓力鍋煮5分鐘。煮好後直接放涼。
★如果沒有壓力鍋，需用小火燉煮約1個小時。
2　打開鍋蓋，點火加熱，加入蘸麵醬調味。以等量的水沖開太白粉，沿著鍋緣倒入勾芡。
3　在碗裡裝入熱好的烏龍麵，淋上2。撒上蔥花，再隨意加入蒜泥或七味辣椒粉。
（多賀）

感覺膠原蛋白會在嘴巴
裡跳舞呢～（枝元）

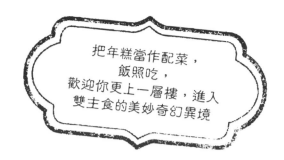
把年糕當作配菜，
飯照吃，
歡迎你更上一層樓，進入
雙主食的美妙奇幻異境

起司泡菜豬肉
三重天炒年糕

老實說，如果只有泡菜炒豬肉，我覺得一點也不下飯。
百思不得其解的同時，我試著把年糕加進去看看，沒想到口感出現變化，
搖身一變，化為白飯的最佳搭檔！
加了起司，韓式辣椒醬的辣味顯得更加溫醇順口，這下子又可以白飯一口接一口了！
以「下飯菜」的標準而言，這道「起司泡菜豬肉三重天炒年糕」拿下高分當之無愧，堪稱傑作。
小心哦，只要嚐過它的美味，以後光吃泡菜炒豬肉會覺得不太夠味呢！

材料（2人份）
切塊麻糬…4個（200g）
豬五花（切薄片）…200g
泡菜（白菜）…200g
A｜韓式辣椒醬…1～1.5大匙
料｜酒…2大匙
　｜魚露（或醬油）…1小匙
披薩用乳酪絲…80g
蔥…8支（切成5～6cm長的小段）
麻油・胡椒…各適量

1　把麻糬塊切成三等份。泡菜如果很大片，隨意切成幾塊。
2　在平底鍋內倒入1大匙麻油，以中火熱鍋，放入切塊麻糬。煎上色後翻面，煎好後起鍋。
3　把豬肉放入2的平底鍋攤平，煎到兩面都變色，並撒上少許胡椒調味。接著放入泡菜攪拌，變燙後加入2的麻糬攪拌。
4　空出平底鍋內的前面空間，加入A料，將辣椒醬攪散，充分與整體混合。起鍋前撒上披薩用乳酪絲和蔥，迅速攪拌。

（枝元）

890kcal

豬肉和泡菜已經夠下飯了…用這道菜
來配飯實在太犯規了！！（多賀）

用鮮紅的勾芡汁掩蓋殘酷的事實！
別以為脆脆的炒麵口感不紮實，它
可是碳水化合物×油脂的化身！

辣到過癮
茄汁蝦仁廣東炒麵

這是我一個人在家的時候，自己偷偷獨享的豪華午餐。
既然是一人獨享，我愛吃幾隻蝦子就放幾隻，
也不必顧忌他人的眼光，想吃多辣就做得多辣。
邊吃邊擦汗最過癮了！
雖然材料寫的是兩人份，其實對我來說是一人份喲。
因為廣東炒麵的口感，吃起來不就像吃餅乾一樣不紮實嘛！
只吃一人份怎麼會飽，您說是不是呢？

材料（2人份）
脆硬的廣東麵條…2球
蝦子（草蝦）…10隻
A料｜紹興酒…1大匙
　　｜太白粉…1大匙
B料｜大蒜（切末）…2大瓣
　　｜薑（切末）…30g
　　｜辣椒（切圓片）…5支
C料｜豆瓣醬…2小匙
　　｜XO醬…1.5小匙
D料｜紹興酒…1/4杯
　　｜番茄醬…2大匙
　　｜醬油…2大匙
　　｜蠔油…2小匙
　　｜中式雞湯粉…半小匙
太白粉…1大匙
麻油…適量

1　蝦子去殼，剖開背部，挑出腸泥。放入碗中加入A料搓揉。
2　在小鍋裡倒入2大匙麻油加熱，再加入B料爆香。接著加入C料拌炒，再加入水1杯半，以大火加熱。
3　煮滾後加入D料混合，關火。
4　在平底鍋內倒入2大匙麻油熱鍋，放入1的蝦子油煎。待蝦子變色，加入3。煮滾後，沿著鍋緣倒入以等量的水沖開的太白粉勾芡。
5　將4淋在廣東炒麵上，可依個人喜好撒點香菜。　　　　　（多賀）

700kcal

我想一個人要嗑掉10隻蝦是沒問題啦。
（只是一定要一個人偷偷吃。）（枝元）

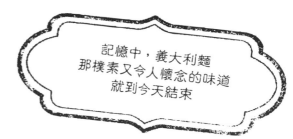
大人的馬鈴薯
拿波里義大利麵

有人很擔心地問我「1人份的義大利麵才100g夠嗎？」我可以向大家保證絕對沒問題。
口感綿桑的馬鈴薯更添飽足感，清脆的白花菜也讓口感增添更多變化。
番茄醬和奶油是破壞這道元氣料理的健康殺手，但是在兩者無間的合作下，
味道變得難以想像的鮮醇，而且和提味用的咖哩粉相輔相成，化為大人專屬的美妙滋味。
即使和印象中的拿波里義大利麵有些差距，這道創新版也絕不會讓人失望。
不吃會後悔喔！

材料（2人份）
義大利麵條…200g
馬鈴薯…2個（250～300g）
培根（塊）…70g
白花菜…1/4顆
大蒜（切末）…1小瓣
洋蔥…1/2個（切條狀）
A料｜咖哩粉…1大匙
　　｜番茄醬…3大匙
B料｜番茄醬…2大匙
　　｜奶油…10g
起司粉・荷蘭芹（切末）・墨西哥辣椒醬
…各適量
鹽・橄欖油…各適量

1　把馬鈴薯和培根切成8mm的條狀。白花菜切成小朵。
2　在2公升的滾水加入1大匙鹽，依照包裝袋的指示放入麵條水煮。
3　利用煮麵的時間，在平底鍋內倒入2小匙橄欖油，以中火熱鍋，放入切好的馬鈴薯攤開，不要重疊。煎到用竹籤可以輕易穿透的程度，起鍋。
4　在同一個平底鍋內放入培根，以中火拌炒。炒至變色後，加入大蒜、洋蔥、白花菜。拌炒到洋蔥變軟。
5　依序加入A料，再放入剛才煎好的的馬鈴薯一起拌炒。接著加入煮好的麵條，再加入B料，和整體均勻混合。裝盤，撒上起司粉、荷蘭芹、墨西哥辣椒醬。　（枝元）

790kcal

這也是犯規的雙主食！
不過我一定奉陪到底！（多賀）

雙重大滿足
紅白雙醬焗烤

用湯匙戳破上層烤得焦脆的起司，往裡面一舀，
就是濃濃玉米風味的焗烤馬鈴薯和茄汁口味的焗烤雞肉。
可以各自品嚐，或者把兩層混在一起，同時送進口中。
起司×玉米×馬鈴薯×雞肉×斜管麵同時在口中翻滾…
沒錯，小朋友喜歡吃的料理，其實連大人也很喜歡！
酥脆的外皮人人都想吃，為了避免你爭我奪的場面，
最好的方法就是多放一點起司！

4720kcal

材料（33×22×6cm的耐熱盤一個）
番茄斜管麵層
　義大利斜管麵…200g
　大蒜…3瓣
　洋蔥…1大個
　雞腿肉…2片
　A　水煮番茄塊罐頭…1罐（400g）
　料　番茄泥…3大匙
　　　水…1/4杯
　　　西式雞湯粉…2小匙
　　　醬油…1大匙
　　　鹽…1小匙
奶油玉米馬鈴薯層
　馬鈴薯…6個
　奶油玉米醬
　　奶油玉米罐頭…1罐（400g）
　　牛奶…半杯
　　美奶滋…3大匙
　　西式雞湯粉…1小匙
　　黑胡椒（粗粒）…1/3小匙
收尾用
　披薩用乳酪絲…300g
　麵包粉…半杯
　甜椒粉・荷蘭芹（切末）…各適量
鹽・橄欖油…適量

1　製作番茄斜管麵。依照包裝袋的指示，把斜管麵放入加了少許鹽的滾水煮熟。把大蒜切成5mm厚的圓片，洋蔥切成5mm厚的薄片，雞肉切成一口大小。

2　把2大匙橄欖油倒入深平底鍋，以大火加熱，放入大蒜和洋蔥炒到軟。接著加入雞肉拌炒，放入A料以中火燉煮約10分鐘。最後加入煮熟的斜管麵稍微煮過，讓整體均勻入味。

3　準備奶油玉米馬鈴薯。馬鈴薯削皮後切成5mm厚，放入耐熱容器，用保鮮膜包起來，微波（600W）加熱約6～7分鐘。

4　把奶油玉米醬的材料裝另一個碗，仔細攪拌均勻。

5　把所有的2倒入耐熱容器。上面鋪好一半的馬鈴薯3，再倒入一半的4。鋪上剩下的馬鈴薯，再倒入剩下的4。

6　在整體表面撒上披薩用的乳酪絲、麵包粉和甜椒粉。淋上2大匙橄欖油，放入250度的烤箱烤約10分鐘。最後撒上荷蘭芹就完成了。　（多賀）

白**飯**的好朋友、麵**包**的好麻吉

只要有這一樣調味料,可以白飯一口接一口!吐司不論幾片都吃得下!
這些危險份子,都是兩位作者的冰箱常客。
接下來就為大家介紹其中的一小部分喔。

枝元

吻仔魚&梅汁醬油

鋪上吻仔魚、紫蘇、碎梅乾,再淋上梅汁醬油享用,是我家禁忌消夜的基本款。把梅汁醬油淋在麵線上也很好吃喔!

蕗蕎醬油

把半熟蛋放在白飯上,再淋點蕗蕎醬油,就好吃到讓我停不下筷子了。好想再來一碗喔,不如也再煎一顆荷包蛋好了。

這不是XO醬

干貝太貴了,所以我改用杏鮑菇,沒想到成果出乎意料的美味。我真是太有才了,怎麼會想到這一招呢。

豬肉漢堡排

這款「豬肉漢堡排」是岐阜縣的火腿工房「Gobar」的隱藏版美食。當作宵夜做成三明治也就算了,還淋上不健康的美奶滋和番茄醬,真糟糕。

多賀

蟹肉棒&美奶滋

這種可以撕成一條一條的蟹肉棒我很推薦,因為吃起來比較像真的蟹肉。擠上美奶滋,再撒點黑胡椒是一定要的啦。

卵起來味噌

用大量紫蘇、辣椒、白芝麻混合的味噌,以公斤為單位,味道甜甜辣辣。朋友才吃了一口就說「吃起來也太味噌了」。拌點美奶滋美味加分喔。

巧克力抹醬

我的拿手好「醬」,材料是加納巧克力。除了塗麵包,也可以淋在冰淇淋上,或者泡成熱巧克力牛奶。當然囉,直接用湯匙舀來吃也不是不行啦。

紅豆奶油蜂蜜吐司

將隨意切成兩半的厚片土司塗上奶油、紅豆泥、冰淇淋,最後再淋上金黃的蜂蜜。呃、雖然姑且也可以歸類為「輕食」,但邪惡指數絕對是重量級。神啊,就這麼一天,請您睜隻眼閉隻眼吧。

禁忌之門
IV

邪惡甜點
點將錄

肉桂蘋果捲心蛋糕豪華聖代　620kcal

★作法在P.88。

越式甜品風驚奇聖代　670kcal

★作法在P.89。

松露巧克力小奢華蛋糕　6910kcal

★作法在P.90。

花生醬隨你吃到飽餅乾 7920kcal

★作法在P.91。

75

地瓜奶油霜滿出來三明治　950kcal

★作法在P.92。

椰汁紅豆湯之冰火五重天　790kcal

★作法在P.93。

Edamon&Mako
上好市多掃貨囉~！

禁忌食譜的原動力是瘋狂掃貨！？
兩位作者這天來到源自美國的會員制倉儲型量販店COSTCO（好市多）。
每個月都來採購2～3次，已經熟門熟路的多賀小姐，理所當然負起識途老馬的責任，
帶領著好市多初體驗的枝元小姐，準備衝鋒陷陣！
各種美式作風的大尺寸廚具和大份量食品，引得兩人時而驚嘆興奮，時而陷入該買不買的煩惱之中。
接下來請大家收看兩人「秒裝」推車的實況報導。

> 我第一次逛好市多！

> 要逛好市多，跟我來就對了！

枝元女士嘴巴上雖然說沒有打算買很多，只背著一個環保購物袋就進場了，但是才短短5分鐘，戰利品已經堆滿整台推車。她自己也說「買東西真的會讓人開心耶～」。看樣子荷包今天要大失血了。

每個月都來採購2～3次的好市多女王！聽說第一次來的時候太興奮，連沙發都搬回家了。「其實我前天才來過呢！原本今天打算什麼都不買，結果還是買了這麼多！」

廚具

枝「Mako看起來和大鍋子好速配哦！」
多「以前賣過更大的呢。搞不好買的人只有我。」

「這個碗在外燴的時候應該用得到。雖然有帶購物袋來，可是根本裝不下」

> 這兩人一直在鍋具區流連忘返。
> ### 請繼續往前走好嗎～！

> 有這麼多保鮮膜應該可以撐很久吧。

麵包 蛋糕

好市多名產 —— 36入的小餐包。還有大包裝的貝果和牛角麵包等。

枝「好想買這個蛋糕喔…什麼、48人份！？」
多「我買過哦，可是建議你考慮清楚喔！因為買了以後，冰箱就什麼也裝不下了～」

正在試吃提拉米蘇。

直接用湯匙挖提拉米蘇來吃，愛吃多少就吃多少的夢想，就這麼輕易實現了！

生鮮食品

大塊牛肉讓多賀小姐看著都熱血沸騰了！她露出滿意的笑容，入手了嫩肩里肌，準備煎牛排。

舉辦家庭聚會的時候，好像有不少人都會買綜合壽司盒回去。

我推薦也可以當作生魚片吃的鮭魚喔。和單買一片的價格相比很划算呢。

一塊有磚頭那麼大的起司，也是多賀家的冰箱必備品。

第一次看到迷你奇異果耶。要不要買呢。

調味料
日用品

多「買這麼一大包廚房紙巾，可以很久都不必買了！」
枝「多賀小姐都開口推薦了，我能不買嗎！」

連吉比花生醬也是沉甸甸一大罐！如果用這個來做花生醬隨你吃到飽餅乾（P.75），不曉得可以做幾片呢？

1.89公升裝的美奶滋，是好市多的自有產品。

零食

我最愛吃這款杏仁巧克力了！沒想到有這種大包裝～

要不要買來送給大家當作伴手禮呢？

枝「哇～想要從這區全身而退很難吧…」
多「所以我一個人來的時候都刻意避開這裡。」

餐飲部

別以為結帳後就可以鬆口氣了，因為還有餐飲部的誘惑等著你！
披薩、熱狗、湯品，通通都是美式大份量。

枝「哇～看起來好好吃耶！好大的披薩喔。」
多「老實說我前天才吃過呢。」

起司多到好像不用錢！

好吃～♥

枝元

折疊式側桌「我想攝影的時候應該用得到。」

碗　直徑38cm

寇比傑克起司1.13kg

巧巴達麵包10入裝

有機咖哩粉510g

顆粒芥末醬865g

CACIOCAVALLO起司200g×3入裝

洋芋片綜合組合包24袋裝

太白胡麻油1650g

水煮章魚腳　約600g

黑毛和牛燒肉片

多賀　枝元

12入裝瑪芬。枝元女士買的是三種口味裝，多賀小姐買的口味只有松露巧克力。

食品保鮮膜1條＝231m

兩個人 總共買了這麼多！

多賀

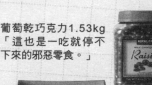
廚房紙巾　12捲入。據說全部攤開來約有95平方公尺（約30坪）。

蒙特婁牛排調味粉和檸檬＆胡椒調味粉。只要把這兩種調味粉撒滿左邊的牛嫩肩里肌，再放進烤箱烤就OK了！

牛嫩肩里肌　約1.6kg

Lemon & Pepper Seasoning / MONTREAL STEAK SEASONING

牛排刀12入裝「為了在正式吃牛排的時候派上用場，我馬上決定買了。」

覆盆子和黑莓「我家的甜點少不了這兩樣！」

羊小排「這也是我來好市多的必買品之一。」

葡萄乾巧克力1.53kg「這也是一吃就停不下來的邪惡零食。」

舒芙蕾起士蛋糕

托斯卡尼產的橄欖油

Prosciutto Panino「生火腿包裹捲著莫札瑞拉起司，最適合配紅酒！」

龍蝦　「在一般超市很難看得到呢～」

咖啡1.36kg

＊進貨狀況可能會出現改變。

採訪協助：好市多　多摩境倉庫店

份量滿點炸豬排
三明治（P.6）

這道料理的重點是，吐司中夾的炸豬排不只有1片，而是夾進2片薄薄的炸豬排。

刻意切得很薄，所以麵衣很多，醬汁也充分入味。

飲料是可樂，附餐是香蕉。歡迎來到如假包換的禁忌世界。

這裡有的是真材實料的禁忌料理，保證童叟無欺。

材料（2～3人份）

吐司（8片切）…1斤（約454g）

豬肉片（薑汁燒肉用）…8片（300g）

高麗菜…3片（約150g）

麵衣

| 麵粉・蛋汁・麵包粉…各適量

A料 | 蠔油…1/3杯

| 檸檬汁…半大匙

| 管狀芥末膏…半大匙

B料 | 美奶滋…2大匙

| 糖醋漬蕎蓿（切末）…5顆

奶油・炸油…適量

香蕉・檸檬・可樂…各適量

1　在4片土司的其中一面，抹上薄薄的奶油。豬肉去筋。高麗菜切成細絲。

2　把A料混於調理盤。同時將B料充分混合於另一個小容器中。

3　在平底鍋內倒入2cm深的炸油，加熱到170度。把1的豬肉依序裹上麵衣的材料，放入油鍋油炸，每面各煎1分半～2分鐘，直到兩面都變成金黃色。接著放入2的調理盤，把兩面充分浸泡其中。

4　把吐司抹上奶油的那一面，依序放上1/4的高麗菜絲、1/4的混合B料和兩片豬排，再用沒有塗抹奶油的吐司夾起來。另外3個三明治也依照同樣的步驟製作。

5　分兩次把各一半的4用擰得很乾的濕布包起來，上面用砧板等重物壓住15分鐘，使麵包與食材、醬汁融為一體。

6　對半切開三明治，裝盤。擺上香蕉，並在可樂中擠些檸檬汁就可以開動了。

（枝元）

1130kcal

1310kcal

天譴夏威夷漢堡排飯（P.7）

在多賀小姐的巧手之下，連夏威夷知名的夏威夷漢堡排飯，
也化身為巨無霸料理，尺寸更勝當地好幾籌。
在以多蜜醬熬煮的漢堡排和白飯上撒那麼多洋芋片，
確定不會遭天譴嗎？

材料（4人份）
漢堡排
　牛豬絞肉…850g
　洋蔥（切末）…1大顆
　A料｜蛋…1個
　　　｜麵包粉…半杯
　　　｜牛奶…1/4杯
　　　｜醬油…1大匙
　　　｜大蒜（磨泥）…2小匙
　　　｜鹽…1小匙多
　　　｜胡椒‧多香果*…各適量
　B料｜紅酒…180ml
　　　｜水…1/4杯
　C料｜番茄醬…5大匙
　　　｜豬排醬…4大匙
　　　｜味醂‧醬油…各2大匙
　　　｜大蒜（磨泥）…2小匙
　　　｜胡椒…適量
白飯（熱的）…4碗公的份量
蛋…4顆
酪梨…1個
小番茄…8個
洋芋片‧萵苣‧荷蘭芹…各適量
沙拉油‧美奶滋‧番茄醬‧黑胡椒
（粗粒）…各適量

＊多香果，又名牙買加胡椒，是一種香料植物的果實。

1　製作漢堡排。把A料中的蛋打進大碗裡，加入剩下的A料攪拌均勻。

2　把絞肉和洋蔥加入1，攪拌至整體融為一體。捏成4等份的圓餅狀。

3　在平底鍋內倒入1大匙沙拉油熱鍋，把2放下去煎，每片不要重疊。煎至變色後，翻面再稍微煎一下。

4　把B料加入3，煮滾。接著放入C料，以中火煮約5分鐘，直到湯汁收乾。並不時晃動鍋身。

5　在另一個平底鍋倒入少許沙拉油熱鍋，煎4個荷包蛋。

6　酪梨削皮去籽，切成容易食用的大小。在未開封的狀態下，把袋內的洋芋片搗成粗塊。

7　盛好白飯，放上4的漢堡排、5的荷包蛋、酪梨和蔬菜，還有小番茄。擠上美奶滋、番茄醬，最後撒上黑胡椒。（多賀）

巨無霸提拉米蘇（P.10）

不只是份量，這道甜點的致命之處在於輕盈的口感。
剛入口的時候會誇下海口，連聲說「好鬆軟喔～不論多少我都吃得下」，
之後就笑不出來了。
最後的對決，就是拿著湯匙的手和心魔之間的角力。

材料（長30×寬22×深5.5cm的器皿一個）
咖啡…350ml*
咖啡酒…2大匙
手指餅乾…220g
A料｜蛋白…大3顆份
　　｜細砂糖…3大匙
鮮奶油…3/4杯
B料｜蛋黃…3大顆份
　　｜細砂糖…2大匙
　　｜馬斯卡邦起司…300g**
可可粉…適量

＊用1/4杯熱水沖泡3大匙即溶咖啡粉，再加入1杯半熱水。
＊＊恢復室溫再使用。也可以加點軟化成膏狀的奶油起司。

1　把A料倒入碗內，用手持電動攪拌器，把蛋白打到硬式發泡（角狀泡沫）。
2　把鮮奶油倒進另一個碗，一樣以電動攪拌器打到8分發泡（倒扣不會流下來的程度）。
3　把B料的蛋黃和細砂糖倒入另一個大碗，用電動攪拌器打到呈現淡黃色的稠狀，接著加入馬斯卡邦起司，再以橡膠刮勺*緩緩攪拌至均勻融合、一片滑順。
4　把2的鮮奶油加入3中，以橡膠刮勺攪拌均勻；再將1的A料分3次加入，每次加1/3，用橡膠刮杓以大力切下的方式攪拌均勻。
5　混合咖啡和咖啡酒，依序將手指餅乾浸濕。
6　把一半的5平鋪在容器底部，塗抹一半的4上去；再把剩下的5鋪好，再抹上剩下的4。利用濾茶網把可可粉撒在表面。用保鮮膜把整份提拉米蘇包起來，冷藏約30分鐘便完成了。　　　　　　（枝元）

＊加入馬斯卡邦起司後不可用電動攪拌機，請以橡膠刮勺攪拌。

3060kcal

4180kcal

✳ 超大香蕉花圈泡芙（P.11）

> 不論從哪裡切都是滿滿的香蕉還有鮮奶油！
> 甜度適中，所以一口接一口也不覺得膩。
> 只是…這算是好事嗎？

材料（直徑30cm的圈型模一個）
泡芙皮

| A料 | 牛奶・水…各60ml |
| | 奶油…50g |
| 低筋麵粉…80g |
| 蛋…約3個 |

卡士達醬

B料	蛋黃…4顆
	玉米澱粉…2大匙半
	香草莢…半根（把籽從莢裡取出）
C料	牛奶…2杯
	砂糖…3大匙
奶油…適量
蘭姆酒…2大匙

發泡奶油

| 鮮奶油…1半杯 |
| 砂糖…3大匙 |
| 香草精…少許 |

裝飾用

| 香蕉…5～6根 |
| 板狀巧克力…2片（110g） |
| 糖粉…適量 |

1 製作卡士達醬。把B料放入碗中仔細攪拌。C料倒入鍋內，煮滾後也加到碗中攪拌均勻。

2 將1篩入鍋中，以中火加熱。不時以木杓攪拌，直到質地變得濃稠。

3 把2倒入調理盤，在表面抹上奶油，用保鮮膜密封起來。放涼，再放入冰箱冷藏。

4 製作泡芙皮。把A料倒進鍋內，以中火加熱，並不時用橡膠刮杓攪拌，加速奶油融化。煮滾後關火，一次加入低筋麵粉，仔細攪拌至麵糊變得平整。

5 再次以中火加熱，攪拌約1分鐘，讓鍋內的溫度上升。

6 把5倒進碗內，分次倒入打散的蛋汁快速攪拌。攪拌至舀起麵糊時，橡膠刮杓會殘留直立尖角狀麵糊的程度。

7 把6裝入開口直徑約為1cm的擠花袋，在烤盤上擠出兩圈直徑25cm圓圈，在上面再擠一圈。

8 用噴霧器在擠出的麵糊上噴水，放入預熱至250度的烤箱，等到溫度降到200度，烤20分鐘。

9 把3的卡士達醬裝入碗內，加入蘭姆酒攪拌均勻。

10 把製作發泡鮮奶油的材料倒進碗中，用打泡器打至8分發泡。

11 等到8的泡芙皮完全冷卻，從上面往下約1/3處將側面剖開。用湯匙把9的卡士達餡填入下層的泡芙皮。

12 配合泡芙皮的曲線，把香蕉塞進去。（如照片）

13 把10的發泡奶油裝入開口為星形的擠花袋，在12上擠出星形的鮮奶油，再蓋上上層的泡芙皮。

14 以隔水加熱的方式融化板狀巧克力，再以湯匙舀出來淋在13上。待巧克力凝固，再用濾茶網撒下糖粉。

（多賀）

雙倍辣椒火燒馬鈴薯（P.14）

這道炒馬鈴薯選用辣味爽快直接的青辣椒，
搭配帶有刺激性辣味的紅辣椒，味道保證讓人上癮。
即使口中辣如火燒，卻還是叫人心甘情願地踏入這想吃又怕辣的陷阱。
你準備好以身試「辣」了嗎？

份量（容易製作的份量）
馬鈴薯…8個
青辣椒（切圓片）…1～2根
紅辣椒（去籽切碎）…1～2根
雞腿肉…1片（250g）
A　原味優格（無糖）…1/4杯
料　咖哩粉…1小匙
　　胡椒…少許
薑（薑絲）…1塊
B　小茴香籽…1小匙
料　咖啡色芥末籽…半小匙

洋蔥（切末）…1小顆
薑黃粉…半小匙
香菜…適量
沙拉油・鹽…各適量

1　把雞肉切成偏小的一口大小，用A料搓揉至入味。把馬鈴薯切成2～3cm的小塊。
2　在厚底鍋或平底鍋內倒入1大匙半沙拉油和B料，以中火加熱，待氣泡產生加入薑絲爆香。加入青、紅兩種辣椒，迅速攪拌。
3　加入洋蔥炒到軟，再加入1的雞肉。炒到雞肉變色，補充1.5～2大匙沙拉油，加入馬鈴薯拌炒約3分鐘，直到馬鈴薯的方角變圓。
4　撒入2/3小匙鹽和薑黃粉繼續拌炒，再倒入熱水1杯，蓋上鍋蓋。用偏弱的中火燜煮10～15分鐘，直到馬鈴薯變得軟爛。
5　試吃確認鹹度，不夠鹹就加鹽調味。盛盤，撒上香菜末，擺上裝飾用的辣椒。
（枝元）

1770kcal

炸雞佐魔鬼醬（P.15）

這是動員了全球各地的辛辣界高手，挑戰來自極辣世界的戰書。
只要咬下一口，前所未曾體驗的複雜辣味立刻發動凌厲的攻擊，下手毫不留情。

材料（15支份）
小翅腿*…15支
A　薑（磨成泥）…50g
料　大蒜（磨成泥）…2瓣
　　醬油…1大匙半
太白粉・上新粉（糯米粉）…各3/4杯
極辣醬汁
　　甜辣醬…6大匙
　　哈瓦那辣椒粉…1小匙～1大匙
　　辣椒粉…1大匙
　　黑胡椒（粗粒）…1小匙
香菜…適量
炸油…適量

＊褪冰後再使用。

1　混合所有極辣醬汁的材料。
2　把小翅腿放入碗中，用A料搓揉至入味。撒上混合的太白粉和糯米粉，放入180度的油鍋炸5～6分鐘。
3　撈起炸好的小翅腿放入另一個碗，加入1，讓整體均勻的吸附醬汁。盛盤，撒上香菜。　　　　（多賀）

1670kcal

P.70的食譜（皆為容易製作的份量）

★梅汁醬油
1　把1杯米酒、殘留少許果肉的梅乾籽7～8個和7×7cm的昆布放進小鍋加熱，煮到酒精蒸發。
2　加入一撮柴魚片略為煮過，再加入醬油1杯。加熱到醬油變溫，關火，靜置一晚。
・冷藏可存放約半年。

★蕗蕎醬油
把去根削皮的蕗蕎 100g切碎，混入半杯醬油、麻油和醋各1大匙，浸泡約10分鐘。改用紅蔥頭也可以。
・冷藏可存放約半年。

★這不是XO醬
1　在平底鍋裡倒入3～4大匙麻油，以中火加熱，爆香蒜末和薑末各1大匙。加入連籽剁碎的辣椒2根、細切得有如干貝絲的杏鮑菇150g拌炒到軟。
2　準備190g扇貝柱肉的水煮罐頭，瀝乾湯汁（但湯汁要留著）後，加入1先炒再煮。加入2～3大匙紹興酒、適量豆瓣醬混勻，再倒入罐頭湯汁，煮到湯汁收乾。最後用1大匙蠔油、半大匙魚露調味。

・冷藏可存放約10天。　　（以上、枝元）

★卯起來味噌
1　把100片紫蘇葉分成兩半，各自切成粗末。把1/4杯沙拉油和切成圓片的辣椒（去籽）10～20根倒入深鍋，以小火加熱。
2　等到辣椒發出霹啪響聲，加入50片紫蘇葉輕輕拌炒。
3加入砂糖500g、味噌1kg、味醂1/4杯，以中火加熱至整體均勻融為一體。
4　加入白芝麻200g和柴魚片30g，繼續攪拌成膏狀。
5　在味噌燒焦前關火，加入剩下的紫蘇葉拌入。
・冷藏可存放約3個月。

★巧克力抹醬
加熱鮮奶油1杯，煮滾後放入5片板狀巧克力（275g），關火，讓巧克力完全融化。加入半杯蘭姆酒或柑橘酒攪拌均勻，最後裝瓶放涼。
・冷藏可存放約3個月。　　（以上、多賀）

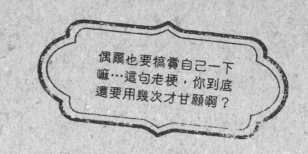

偶爾也要犒賞自己一下嘛…這句老梗，你到底還要用幾次才甘願啊？

肉桂蘋果捲心蛋糕豪華聖代（P.72）

最早的版本裡面只有烤蘋果和冰淇淋，也不知道怎麼開始慢慢升級，
現在已經成為我家的固定款甜點了。
捲心蛋糕不必太高級，從超市買來的平價款也OK。
以下這些材料應該都是各位家中的常備品吧？
啥？只有我家才這樣嗎？

材料（直徑10cm的陶製烤皿4個）
蘋果（最好買紅玉）…2顆
A　蜂蜜…8大匙
料　奶油…40g
　　肉桂粉…適量
　　檸檬汁…4大匙
全麥蘇打餅…8片
捲心蛋糕…1條
香草冰淇淋…適量
楓糖漿…4大匙
肉桂粉…適量
覆盆子…12粒
薄荷葉…適量

1　把帶皮的蘋果切成1/4圓片，分別放進4個烤皿。把A料分為4等份，分別倒入烤皿，再以200度烤15分鐘左右，讓蘋果變得柔軟。
2　把1放涼，撒上掰碎的4塊蘇打餅乾。
3　把捲心蛋糕切成4等份，放入2的烤皿。
4　讓捲心蛋糕的中央呈現輕微的凹陷，挖上份量任憑喜好的香草冰淇淋，再淋上大量的楓糖漿。
5　撒上肉桂粉，放上覆盆子和薄荷葉當作裝飾，再各添上一片全麥蘇打餅。

（多賀）

620kcal

我知道從家中湊出這些材料不難。但是大家知道多賀小姐家的冰淇淋有多大盒嗎！（枝元）

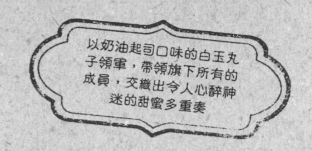
以奶油起司口味的白玉丸子領軍,帶領旗下所有的成員,交織出令人心醉神迷的甜蜜多重奏

越式甜品風驚奇聖代（P.73）

Che是越南的一種傳統甜點,
自從在市場中的店裡,有過「手指一比,就幫你把想吃的配料通通加進去」的體驗,
我就把它視為迷你版的甜點吃到飽,從此傾心不已。
這次我還加了用我最愛的奶油起司和牛奶揉成的白玉丸子,吃起來Q彈有勁!
愈往下挖還有木瓜、芒果、椰果等各種配料,
相信從第一口吃到最後一口都會充滿驚奇,
很快就吃光光了。

材料（4人份）
木瓜・芒果…各適量
椰果…100g
紅豆泥（水煮紅豆）…100g
奶油起司口味的白玉丸子
 奶油起司…40g
 白玉粉（糯米粉）…1杯
 牛奶…5大匙
A 椰奶…1罐（400ml）
料 細砂糖…5大匙
 牛奶…1杯
香草冰淇淋…適量

1 製作奶油起司口味的白玉丸子。把奶油起司和牛奶1大匙放進耐熱容器,用保鮮膜包起來,微波（600W）加熱1分鐘。仔細攪拌,加入剩下的牛奶和糯米粉,攪拌至均勻平滑,再捏成直徑1.5cm的丸子。
2 把捏好的白玉丸子放進滾水,煮到沸騰浮出水面後,再以中火煮約50秒。撈出來放進冰水。等待冷卻再瀝乾水分。
3 仔細攪拌A料,讓細砂糖充分溶解。
4 把木瓜和芒果切成一口大小。準備容量大的玻璃杯,依序盛裝水果、椰果、白玉丸子,再倒入3,放上冰淇淋。

（枝元）

670kcal

我覺得這道甜點應該改名為「禁忌的白玉丸子」!我好希望整個人淹沒在這份聖代裡喔。（多賀）

是不是惦惦吃就好，不要洩漏「1人份＝1片板狀巧克力」的驚人事實啊？

松露巧克力小奢華蛋糕（P.74）

雖然一顆顆有如寶石般華美的精品巧克力目前備受追捧，
不過，只要準備8片板狀巧克力，就能製作出這麼一個大份量的巧克力蛋糕。
看到「巧克力海綿蛋糕×巧克力鮮奶油×甘納許巧克力」三重夢幻組合，該不會有人還是無動於衷吧？
嚐起來不單是甜味喔。蘭姆酒所增添的成熟風味，讓這款蛋糕也成為慶祝情人節的最佳選擇！

材料（直徑26cm圓形模具一個）

巧克力海綿蛋糕

蛋…6個
細砂糖…150g
低筋麵粉…120g
可可粉・奶油…20g
香草油…少許

巧克力鮮奶油

牛奶…1大匙
吉利丁粉…3g
鮮奶油…1杯
砂糖…1大匙半
香草精…少許
巧克力糖漿…3大匙

甘納許巧克力

鮮奶油…1杯
板狀巧克力…8片（440g）
蘭姆酒…3大匙

裝飾用

蘭姆酒…半杯
夏威夷豆巧克力・杏仁巧克力
…各適量

1　依照圓形模具的底部形狀，裁下烘焙用紙，墊在模具底部。把烤箱預熱到200度。以微波加熱的方式融化奶油，備用。

2　製作巧克力海綿蛋糕。把蛋倒進碗裡打散，加入細砂糖，用電動攪拌器確實打發。

3　篩入低筋麵粉和可可粉，用橡膠刮杓大力攪拌。接著加入融化的奶油和香草精混合，倒入圓形模。放進降溫到170度的烤箱烤30～35分鐘。

4　烤好後脫模，放在網子上使其變涼。再用碗等東西蓋住，以防乾燥。放涼後放進冰箱冷藏。

5　製作巧克力鮮奶油。把吉利丁粉篩入牛奶，微波（600W）加熱30秒。把鮮奶油、砂糖、香草精倒進碗內打成8分發。加入巧克力糖漿攪拌，讓顏色充分混合，再加入吉利丁牛奶液混勻。

6　製作甘納許巧克力。把鮮奶油倒進鍋裡加熱，煮滾後關火，加入切碎的板狀巧克力，用橡膠刮杓攪拌均勻。再加入蘭姆酒，繼續用橡膠刮杓攪拌至質地變得濃稠。放涼。

7　把4的海綿蛋糕橫剖為三層，在每一層的表面各刷上裝飾用的蘭姆酒。把5的巧克力鮮奶油分為3等份，抹在每層海綿蛋糕的上面。

8　把一半6的甘納許巧克力塗抹在兩片7的海綿蛋糕（把甘納許巧克力抹在巧克力鮮奶油上）

9　重疊8的海綿蛋糕，再疊上剩下的海綿蛋糕。用剩下的甘納許巧克力，塗抹蛋糕的整個表面。待表面的巧克力凝固，擺上夏威夷豆巧克力・杏仁巧克力當作裝飾。也可以撒點金箔。

（多賀）

為了贏得對方的滿腔愛意，有需要這麼大的蛋糕嗎！？而且還做成酒味十足的成人口味！！我也好想吃，緊抓住這股甜蜜的幸福不放！（枝元）

6910kcal

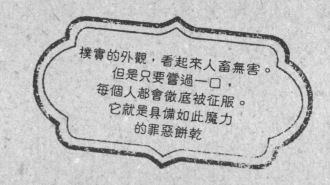

樸實的外觀，看起來人畜無害。
但是只要嘗過一口，
每個人都會徹底被征服。
它就是具備如此魔力
的罪惡餅乾

花生醬隨你
吃到飽餅乾（P.75）

份量一定要拿捏得很準確的食譜實在不合我的胃口，
剩下那麼一點花生醬和奶油能拿來做什麼呢？
心一橫，就乾脆通通放進去了。接下來只要和麵粉和一和就沒問題了吧？
這道始於我的「慷慨大方」而誕生的餅乾，每做一次，內容都跟著升級，
不但加了板狀巧克力，甚至還加了花生呢！

材料（直徑7cm的餅乾36片）
花生醬*…1瓶（340g）
奶油…200g
砂糖…200g
全麥麵粉**500g
小蘇打粉…2小匙
蛋…2個
花生（切成粗塊）…120g
板狀巧克力…3片（165g）

＊我用的是SKIPPY的顆粒型。
＊＊如果使用全麥麵粉，口感比較酥脆，但如果沒有，
改用低筋麵粉也可以。

1　把板狀巧克力以外的材料全部放進大
碗，用手不斷揉捏。用手把奶油掰成小
塊，使奶油逐漸與麵粉融為一體。
2　把整體揉成均勻的一大塊，每次取出
約40g，裡面各包住兩塊板狀巧克力，捏
成厚8mm、直徑約7cm的圓形。
3　把麵團放入鋪上烘焙紙的烤盤，用叉
子背面在表面壓出紋路。放入170度的烤
箱烤約20分鐘。　　　　　　　　（多賀）

7920kcal

隨時備有手工製作甜點的家庭，是我永遠的
憧憬與目標。只是我有個疑問，這個餅乾的熱
量，真的一片就等於一碗飯嗎？（枝元）

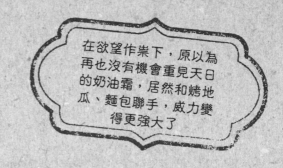
在欲望作祟下，原以為再也沒有機會重見天日的奶油霜，居然和烤地瓜、麵包聯手，威力變得更強大了

地瓜奶油霜滿出來三明治（P.76）

原本以為我已經把對奶油霜的嚮往，塵封於心底了⋯
結果在製作磅蛋糕的過程中，無意舔了一口混了蛋與砂糖的奶油。
令人驚艷無比的美妙滋味，害我從此再也無法回頭；
嘗過以Echire奶油製作的奶油霜之後，更是讓我把對奶油霜的渴望提升到最高點。
沒想到「好想大吃特吃多到滿出來的奶油霜！」的願望居然成真了。
更糟的是，奶油霜和地瓜是天造地設的一對。於是，被挑起的食慾就此一發不可收拾。
奶油霜真的好可怕啊！

材料（2人份）
吐司（厚片）⋯4片
奶油霜
　奶油（無鹽）⋯100g
　蛋⋯1個
　砂糖⋯3大匙
烤地瓜⋯2小根
肉桂粉⋯適量

950kcal

1　把恢復室溫的奶油裝進塑膠袋，用手搓揉至軟化。把烤地瓜切成1～2cm的小塊。

2　把蛋打進碗裡，倒入一半的砂糖。以隔水加熱的方式，用手持電動攪拌器把碗內物打發至充滿光澤的硬式發泡。

3　把1的奶油和剩下的砂糖倒入另一個碗，用手持電動攪拌器攪拌至柔軟發白。

4　分4次把2加入3，用橡膠刮杓攪拌均勻。攪拌至滑順就完成了。

5　挖出一半4的奶油霜。用2/3的量塗滿1片吐司，再用一片夾起來。接著放上一半的烤地瓜，鋪上1/3的奶油霜，撒上肉桂粉。
另一份也比照同樣的方式製作。（枝元）

1人份的奶油有50g！
而且還搭配烤地瓜⋯。
不吃對得起自己嗎？（多賀）

冷×熱＝爽口。
椰奶也是這個錯誤的
快樂的推手之一。

椰汁紅豆湯
之冰火五重天（P.77）

可以同時品嚐冷與熱兩種味道，實在太享受了！冰淇淋即將溶化的感覺叫人欲罷不能。
冰淇淋和紅豆湯，如果冷熱分開品嚐，吃起來都只有甜味，
但是一合體，味道卻顯得清爽不膩口。當初想到這道甜點的人，實在是天才。
平常在紅豆餡蜜（加了紅豆泥的日式甜點）裡只加了一小塊的求肥（ぎゅうひ，雪莓娘的外皮），
我這次特地加了很多，一解「好想多吃幾塊」的宿願。
求肥的甜味讓椰奶的味道顯得更加突出；大呼過癮的同時，心中也湧現出幾分罪惡感。
而且，如果把冰淇淋的口味換成夏威夷豆冰淇淋，危險指數就真的破表了。

材料（4人份）
紅豆…300g
紅糖…200g
鹽…1撮
求肥
　糯米粉…50g
　紅糖…80g
　水…80～90ml
玉米粉（或太白粉）…適量
草莓・香草冰淇淋…各適量
椰奶…1杯

790kcal

我覺得製作這道甜點有個風險。
我很可能在冷熱混合之前，就把
它們全吃光了。（多賀）

1　把紅豆放進鍋內，加入水1.5公升，煮到沸騰後撈起來瀝水（若有時間，可以再煮一次過濾）。

2　再次把紅豆和水1.5公升倒進鍋內，以大火加熱。煮滾後調成中火煮40分鐘～1小時，直到紅豆變軟。邊煮邊撈出浮渣。
★如果煮到鍋內的紅豆都露出來了，必須補充適量的水。整體的水量大約以減少2～3成為宜。

3　分3次加入紅糖，每次加入後，煮5～10分鐘再加下一次。最後用湯杓把紅豆壓扁成喜歡的程度，加鹽。

4　製作求肥。把求肥的材料倒入耐熱容器混勻，用保鮮膜包起來，微波（600W）加熱2分鐘，仔細攪拌。再次用保鮮膜包起來，微波加熱1分鐘。

5　把玉米粉鋪在砧板上，把4拿出來，放在上面擀成薄皮。放涼後，切成適合食用的大小。盛裝加熱好的3，放入草莓和求肥，放上冰淇淋。邊吃邊淋上份量任意的椰奶。　　　　　　（枝元）

結語

老實說，我昨天才做了「巨無霸提拉米蘇」（P.10）和「雙倍辣椒火燒馬鈴薯」（P.14）。順便告訴各位，我還煮了1kg的羊肉咖哩、1kg的紅燒豬肉和堆得像小山高的沙拉。當然不是自己吃的啦，昨天家裡來了11位客人。本來我擔心提拉米蘇不夠，盛裝的時候還故意「偷工減料」（結果，份量居然是夠的⋯）。

我想，看了這本禁忌食譜，應該有不少人因為份量和卡路里而驚嚇不已，不過不是每道菜都要一個人吃完啦，請放心。

透過這些料理，我想向大家表達的是「做人寬宏大量一點又何妨！」的想法。當然囉，我也希望自己能瘦一點、苗條一點，也希望身體保持健康。

但是大家不覺得嗎？世界上的規矩實在太多了。這個不能吃，那個也不能吃；這個要注意，那個也要注意。

這讓我感覺，我們似乎在下意識中，想要掌控「吃東西」和「生存」這兩件大事。可是，吃東西的目的不僅是為了攝取營養，我認為也是一種樂趣，同時發揮支撐生命的功能。為了讓我們有足夠的力氣迎接明天的挑戰，偶爾放縱自己，沉溺於口腹之慾又何妨。畢竟食慾就是活力嘛！⋯啊，最後一句是我亂說的啦。

能夠和簡直化身為宣揚飲食樂趣的傳教士——多賀小姐共事，我實在太幸福了。如此開心又歡樂的工作成果，如果能在各位的餐桌派上用場，我也會覺得與有榮焉。

當個快樂的吃貨吧！

Edamon　枝元Nahomi

　　沒想到我能透過這本書，實現比夢想更上一層樓的「妄想」。第一「能夠讓我用自己喜歡的方式製作喜歡的料理，而且想做多少就做多少！」，第二「既然做的是自己想吃的料理，擺盤的工夫也不能馬虎！」，而且合作對象居然還是我非常喜歡的Edamon。想到這點，真是讓我作夢也會笑哇。

　　在這本書中介紹的料理，大多是出現在我家餐桌上頻率很高的菜色；長年累積下來，這些菜色都不知道做過幾百次了。也有不少道菜都是在家人的要求下催生。為了讓家人吃到更可口的料理，每次我都會再下工夫改良。所以，雖然我對料理的味道很有信心，但是在本書推出之前，不論我把這些料理帶到哪裡提案，一定引來對方驚呼連連「可是這個量有點多…」「熱量應該很…」，因此有不少作品只能被我含淚收進箱底。但是透過本書的問世，這些料理終於有機會與大家見面。在此我也要向每一位有關人士致上感謝之意。

　　到了拍攝料理的當天，現場的氣氛一片熱絡，簡直像來了一群調皮搗蛋的小朋友。在宛如召開作戰會議的氛圍下，大家也不吝鼓勵我「請你盡情放手去做吧！」。於是我也豁出去了，一心只想著如何做出美味的料理，可說把所有的看家本領都使出來了（笑）。

　　如果正在閱讀本書的你，能夠產生這些想法「可惡！我也好想吃這個！」「哇～這個看起來好好吃～！」，覺得食慾的本能大受刺激，我會覺得自己很幸福。因為「吃」是一件快樂的事，它不但能夠化為每天的喜悅，也是活力的泉源。

　　在此我呼籲大家，請各位一定要勇敢的推開禁忌之門，拉心愛的人一起動手做菜，在美食的陪伴下，開懷享受。我相信，這麼做一定會讓你的人生變得更Happy嘞！

Mako　多賀正子

作 者
枝元なほみ、多賀正子

攝影者
白根正治

譯 者
藍嘉楹

主 編
陳文君

責任編輯
李芸

青鳥07

國家圖書館出版品預行編目(CIP)資料

歡迎光臨吃貨俱樂部：禁忌的醣類總動員、
欲罷不能的高熱量趴踢、無視卡路里的豪邁
食譜獻給你 / 枝元なほみ，多賀正子著；藍
嘉楹譯. -- 初版. -- 新北市：世茂，2016.04
面；公分. -- (青鳥；7)
ISBN 978-986-92507-7-1(平裝)
1.食譜
427.1   105001056

歡迎光臨吃貨俱樂部

禁忌的醣類總動員、欲罷不能的高熱量趴踢，無視卡路里的豪邁食譜獻給你

出 版 者　世茂出版有限公司
地 　 址　（231）新北市新店區民生路19號5樓
電 　 話　（02）2218-3277
傳 　 真　（02）2218-3239（訂書專線）（02）2218-7539
劃撥帳號　19911841
戶 　 名　世茂出版有限公司
　　　　　單次郵購總額未滿500元（含），請加50元掛號費
世茂網站　www.coolbooks.com.tw
排版製版　辰皓國際出版製作有限公司
印 　 刷　祥新印刷股份有限公司
初版一刷　2016年4月

ISBN　978-986-92507-7-1
定 　 價　280元